VIVA! FASHION DESIGNER

時尚的誕生

透過26篇傳記漫畫閱讀，進入傳世經典與偉大設計師的一切！

姜旻枝──圖・文　李佩諭───翻譯

比電影更像電影的感人故事，火花四濺的幽默感，
美麗的插畫！一本新概念時尚教科書！

與大眾一起呼吸、設計自己生活的時尚設計師們，藉由大眾文化的寵兒「漫畫」重
生。偶爾如花朵般華麗、偶爾如冰雪般冷酷的創作瞬間，彷彿穿上了舒適的外衣。
── 簡浩燮 時尚設計師／弘益大學教授

隨著時間無情地流逝，記憶的稜角逐漸被磨去。像是從前讀香奈兒傳記產生的想法，
她與德軍相戀而被當成賣國賊的事。然而，透過漫畫的「聯感（synesthesia）」接觸
法看到的香奈兒故事，卻能深深地烙印在腦海裡。因為畫面彷彿就在眼前般地鮮明，
故事就像被放在一格格的空間，整理得簡明扼要。時尚設計師人生比糾結成團的鐵絲
還要複雜，將他們的故事濃縮成一口大小的起司，吃起來美味無比。
── 李忠傑 《GQ KOREA》總編輯

打開這本書的瞬間，我的腦中浮現擔任編輯時期，許多進出名牌展示間的耀眼服飾。將
時尚史畫得如此簡單、明確，而且時尚，若對Fashion沒有Passion是無法辦到的。
── 楊秀珍 《InStyle》總編輯

所謂時尚設計師的歷史，就等於時尚設計的歷史。這也是真實之美的探索過程。讀著
這本書的時候，我彷彿回到夢想著成為設計師的那段日子。這不是時尚的故事，而是
關於熱情的故事。
── 張廣孝 時尚設計師

時尚與漫畫驚人的結合！簡而言之，這是一本如寶石般的書。至今尚未有其他書籍能
將時尚如此龐大的知識，以這麼有趣的方式呈現。從比電影更像電影的感人故事、火
花四濺的幽默感，到美麗的插畫！這是無人嘗試過的新概念時尚教科書。
── 李思康 電影導演

香奈兒、伊夫‧聖羅蘭、卡爾‧拉格斐居然可以如此可愛！一格格討喜又時尚的漫
畫！任誰看了都會上癮。
── 全慧彬 演員

華服珠寶最珍貴的不是來自於標籤上的價格，
而是它們身後品牌的歷史、堅持的工藝、
無懈可擊的創意與對美的品味，
這些原料一起創造出的時尚記憶。

——【跨國際知名造型師】李佑群

　　在時尚產業工作十餘年，還是經常會有人問我：「為什麼名牌就要賣得這麼貴？」這時候，我通常會反問一句話：「那麼一款名牌包包和一款夜市地攤販賣的包包同時擺在你面前，可以任你免費挑選其一時，你會選擇那一款？」

　　我想，答案其實不用思考，可能大部分的人不假思索都會選擇屬於名牌的那一款吧？

　　名牌之所以是名牌，並非如有些人想像的只是行銷炒作那麼單純。當你的雙手觸碰到柏金包、路易威登皮件皮革上的觸感而久久不願離開時，當你的心被香奈兒經典軟呢外套的美麗線條深深吸引時，當你的眼睛被 Alexander McQueen 充滿鬼才的大膽創意震懾時，你便會明白，他們昂貴的理由，並非那單純地擅於行銷而已。名牌之所以是名牌，大多原因來自於它們的歷史，對於品牌與作品工藝精神執著賦予我們的時尚記憶，這些時尚記憶，創造了我們眼前的華服珠寶更高的價值。

　　在得知由韓國知名時尚插畫家姜旻枝，以俐落時尚筆觸創作的《時尚的誕生》一書即將在台灣發行時，我真的是興奮到快要尖叫了。

　　這本書用漫畫方式，收錄了影響當代最重要的二十六個時尚品牌，它們各自

創始人的精彩身世、時尚大師們的崛起過程。以最輕鬆幽默的呈現方法，將加起來數百年甚至上千年的時尚歷史濃縮成一冊，簡直就像是散發著紅莓果香氣，甘蔗香氣尾韻的勃根地紅酒一樣，時間越久越讓其味道深邃雋永，小心容易上癮。

作者和我過去擔任總編輯、現在擔任造型師的心路經歷有些類似，我們從小看的不是故事書而是繪本，明明喜歡時尚，長大後身邊的朋友同學紛紛步上設計師之路時，自己卻選擇了用筆和熱情記錄著時尚的軌跡，因此讀起來更有一種莫名的共鳴。

前一陣子正好前往韓國首爾旅遊，記得在狎鷗亭洞的時髦書店發現這本原文書當下，受限於看不懂韓文卻又渴望拜讀時，心情真叫人又愛又恨。

如今《時尚的誕生》有了中文版本，我想你會和我一樣，看的時候就像是啜飲了一口濃縮了深邃果香的紅酒一般，沉醉於其中而無法自拔。

看完這本書，相信你不會再懷疑 Ferragamo 對雙腳舒適性的堅持，也不會再懷疑愛馬仕皮件之所以必須久等的理由。

記得我常常說的一句話，華服珠寶最珍貴的不是來自於標籤上的價格，而是它們身後品牌的歷史、堅持的工藝、無懈可擊的創意與對美的品味，這些原料一起創造出的時尚記憶。

而現在這些記憶，全都像時空膠囊一樣濃縮在這本書裡。

喜愛時尚與美的你，治癒劑都在眼前出現了，你還在等什麼呢？

關於 李佑群

《幸喜國際》社長暨時尚總監，與東京時尚界關係深厚，以時尚為核心橫跨國際造型師、雜誌總編輯、品牌總監、視覺統籌、評論家、作家、顧問等多元角色。是華人圈時尚雜誌創刊數最多的總編輯，也是引進第一本日系時尚雜誌的總編輯。同時是台灣唯一受日本藝人、國際品牌、廣告指定合作造型師＆顧問。

〈作者自序〉與他們的熱情、創造、夢想共度的時間

　　收到出版社的來信，準確地說來，是在2010年4月。當時我在澳洲（現在也還在澳洲），習慣了步調緩慢的生活，所以我也開始變得很放鬆。我以爲就像平常一樣，只是要委託我寫小說或雜誌專欄的工作，沒想到當我不以爲意地按下滑鼠，那封信就完全改變了我的生活。信的內容拜託我用漫畫和插畫描述時尚設計師的歷史，瞬間我的腦袋有如醍醐灌頂，只浮現一個念頭：「就是這個！我要做！」

　　7年來做著插畫家的工作，我從來沒有畫漫畫的想法。但由於我主修服裝學，服裝史是我很熟悉的題材，時尚又是我工作的基石。於是，這個提案等於是融合了我喜歡的領域、知識和繪畫技術，可以展現出一個成品的絕好機會。

　　從此以後，這26位時尚設計師占據了我的生活。蒐集資料的時候，我必須不斷地挖掘他們的一切，從他們的出生、成長，甚至到死亡。扣除我吃飯、睡覺的時間，全部的時間都填滿了他們的故事。導致他們的喜怒哀樂成爲我自己的情緒。例如：我畫到香奈兒的情人過世，就像自己的情人也死了，感到悲傷不已；當伊夫‧聖羅蘭成爲世界知名設計師，我也隨之昇華。他們甚至還會出現在我的夢中，使我過去一年的生活不像自己的人生，而是活在他們的世界裡。這份工作讓我用時尚插畫家的身分，接觸好幾位設計師歷史中的服飾及最新作品，並以繪畫的方式重現他們做過的夢和熱血，這是最大的樂趣所在。

　　這本書介紹了26位傳說中的時尚設計師，及相關的品牌歷史。透過

漫畫，讓讀者輕鬆了解他們具有怎樣的天賦與熱情，歷經了哪些過程，才得以在時尚史上劃下重要的一筆。內容依年代順序編排，除了他們個人的故事，讀者也能概括掌握時尚史在過去100年間的脈絡，並藉由插畫和照片，觀賞他們的服飾和設計。當然，造就今日時尚的功臣不僅這26位設計師，所以我在挑選時也傷透了腦筋。抱著遺憾的心情，我在書末簡短地介紹了幾位在時尚史上曾留下貢獻，或目前仍相當活躍的設計師。希望讀者能感覺這本書是本有趣的時尚故事書，而非無趣的服裝史。此外，我也相信本書能讓原本不關心時尚的人，感受到時尚世界的魅力。

最後，我要感謝工作期間幫助我的所有人。在這一年給予我許多照顧的RUBYBOX出版社員工們，我特別要感謝發掘我、讓我出人生第一本書的許文憲（音譯）先生，以及協助作業的金英秀（音譯）小姐。給我很多勇氣和幫助的朋友們、秀賢、齊耶、亞力和夏娜、始江和泰希姊，謝謝各位，我愛你們。趕稿期間我變得很神經質，媽媽卻總是在一旁照顧我、體諒我，是我最抱歉也最感謝的人。我要把我能夠給予的愛，全部傳遞給我媽媽。

1

Thierry Hermès
蒂埃利·愛馬仕
1801~1878

為了不改變任何東西，我們改變一切。
—愛馬仕CEO Patrick Thomas—

170多年前，愛馬仕以製作貴族愛用的馬具用品為始，而今已成為最高級、最完美、最昂貴的精品品牌。服飾、鞋子、手錶、香水和餐具等，目前愛馬仕共擁有14條產品線，其中包包和披巾最具代表性。特別是想買，得等上好幾年的愛馬仕包包，其嚴格的製造過程令其他品牌難以望其項背。

1801年，在德國克雷費爾德經營旅館的愛馬仕家族，有一名小男嬰誕生了。

我的兒子，我替你取了跟希臘神祇一樣的名字，將來你肯定能成大事。

當時歐洲歷經許多戰亂，到了1828年，德國終於獲得平靜。

愛馬仕家族因宗教離開德國，正流亡於法國。

有個青年想在法國實現自己的夢想，他就是蒂埃利·愛馬仕。

我想在巴黎開一間自己的店，可是根本不夠錢……

當時距離汽車發明還有一段好長的時間。法國巴黎的主要交通工具是馬和馬車，自然而然地，馬車和馬具用品的製造相當發達。此時，有個關鍵性的事件發生在愛馬仕身上。

嘶嘶嘶嘶

法國國王路易·菲利浦的車隊遭到共和黨黨員的襲擊。

砰！

開槍射擊！

這起事件導致數十人在法國鬧區死亡，周圍商店的租金瞬間跌落谷底。

急售！

出租！

緊急出租！

對於夢想在巴黎開店的蒂埃利來說，這是個大好機會！

嘿嘿嘿

獲得一家小店面的他立刻開業當馬具商，製造馬鞍、馬車配件等精緻且堅固的馬具用品。

絕對不能只靠目測隨便製作。

不管花多少時間都無所謂。裝在馬身上的馬具、馬鞍、韁繩一定要設計精準且安全。這是我的經營信念。

1842年的某一天，法國國王路易‧菲利浦的兒子——奧爾良公爵從馬車上摔落身亡。

呃啊！

為什麼會從馬車上摔落呢？

原來是馬鞍一直刺著馬啊！都是這個粗製濫造的馬具害的。

剛剛真的好痛，嗚嗚

看來馬具可不能隨便亂挑。

就是說啊！有誰會想到一個馬具居然能左右人的生命。

你聽說了嗎？前面那家愛馬仕的馬具好像很不錯。對

哦，是嗎？愛馬仕啊……？

這個悲劇事件意外提升愛馬仕馬具的知名度。

看看這牢固的縫線！真的很堅固。

不管遇到什麼危機，應該都能安全地撐過去吧！

品質跟別家店比起來就是不一樣。

蒂埃利獨特傑出的工匠精神，使愛馬仕在激烈的馬具商競爭中脫穎而出。

唉唷……我們拚不過那傢伙。

在法國累積不少名氣的愛馬仕，很快就遇到了能夠聞名世界的機會。

要舉辦世界博覽會？

1855
巴黎世界博覽會
參加者募集

爸，你去參加吧！

1867年，他卓越的工匠精神在巴黎世界博覽會受到認同，並獲得第一名。

接著，1878年蒂埃利的兒子——查理‧愛馬仕又在博覽會上獲獎。

有其父必有其子。

在那之後，讓愛馬仕這個品牌誕生於世上的蒂埃利‧愛馬仕，於1878年離開人世。

他的兒子查理‧愛馬仕自然地繼承了他的事業。

我要繼承父親的遺志，成為頂尖的工匠！

當時的巴黎正在進行新都市工程計畫，所有街道都變得相當美麗。

雅致的建築～
明亮的街道～
哦 天堂樂土～

查理‧愛馬仕決定要搬移店址。

啊！有個位在法布街24號的店面要賣耶！

買賣
共有兩樓
高級賣場

查理繼承父親遺志的同時，大概也繼承了他的幸運。新店面正好位在皇宮和富豪貴族居住的豪華住宅區，他的店一搬過去，那些貴族瞬間便成為愛馬仕的愛用者。

你好～請給我適合這匹駿馬的高級馬具。

就像我剛剛說的，這匹馬擁有法國的純正血統，十分優雅夢幻，也非常非常昂貴，所以一定要好好寶貝牠。

是是！！

後來，他的手藝逐漸獲得認同，幾乎全世界的皇室和貴族都想購買愛馬仕的馬具用品。

愛馬仕簡直棒呆了～

俄羅斯帝國皇帝尼古拉一世

當初從父親手中接下愛馬仕的查理，於1902年退出經營。

我要像你們爺爺一樣，把家業傳承給你們。

雖然是由長子阿道爾夫（Adolphe）和次子埃米爾（Emile-Maurice）繼承家業，不過我們在這裡必須將重點放在埃米爾身上。

我要征服全世界！走著瞧吧！

也注意我一下嘛……

埃米爾具有敏銳的觀察力和判斷力，也有許多天才想法。在愛馬仕的發展史中，他是一位非常重要的人才。

我可說是兼具科學家的觀察力和藝術家的創作力吧！

1918年，一次世界大戰當時，愛馬仕負責供應法國騎兵隊的馬鞍。

此時，埃米爾為了事業，造訪了美國和加拿大。

哦～亞美利堅～～

在那裡他偶然看到了凱迪拉克。

哦～這台車真完美！

嗯？這個用鐵做的長條物到底是什麼？

縫在這台凱迪拉克車篷上的東西是什麼？

啊～那個叫做拉鍊。

哦，叫拉鍊啊……

對了！
就是這個！

他一回到法國，便跟擁有拉鍊專利的George Edward Prentice聯絡。

我想購買汽車以外的所有專利權！只讓我們愛馬仕使用！

於是，愛馬仕率先將拉鍊引進法國！

充滿點子的他，嘗試將拉鍊用在許多發明上。

沿著包包開口的弧度，把拉鍊縫在上面吧！

結果，經由與汽車品牌「布卡堤（Bugatti）」的合作，汽車旅行的專用包誕生了。

HERMÈS　BUGATTI

這就是第一個愛馬仕包包──「Bolide」！

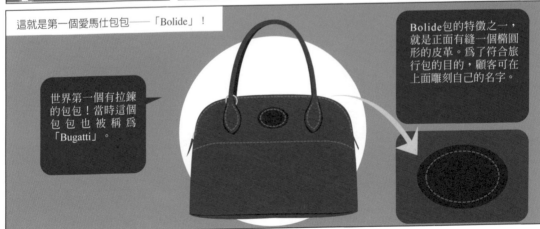

世界第一個有拉鍊的包包！當時這個包包也被稱爲「Bugatti」。

Bolide包的特徵之一，就是正面有縫一個橢圓形的皮革。爲了符合旅行包的目的，顧客可在上面雕刻自己的名字。

在機械文明逐漸發達的1920年代，在美國旅行的埃米爾，去拜訪了當時最大的汽車公司「福特」。

這裡就是大量生產的代表品牌「福特」啊？

埃米爾親眼看到了工廠機器所生產出來的巨大產業成果。

太驚人了！那麼多的車輛在瞬間就被製造出來！

我不能繼續這樣下去。馬車很快就會消失，火車、船和汽車的時代即將到來。要是只做馬具，我的事業就毀了！

對了！旅行用品！多虧方便的交通工具，一到假日，任何人都能輕鬆地前往各地旅行吧？這樣旅行產業當然就會成長！

察覺時代變化的埃米爾，決定將主要生產品項從馬具用品改為旅行及生活用品，先製造了包包、皮帶、手套，接著推出衣服、手錶、汽車配件等，逐漸擴大生產範圍。

然而，在煥然一新的轉變過程中，唯獨有件事情令他無法接受。

逛了一圈商店，全都是沒有靈魂、長相相同的複製品，那就是美國的大量生產。
真是令人無言！這絕對不能引進法國。

法國工匠一針一線地縫製

長0.1mm

拋棄跟我一起揮汗打拚的工匠，也太不像話了。

於是，埃米爾不願向工廠的大量生產體制屈服，堅持傳統的手工製造和少量生產主義。

請您用用看新上市的皮革裁縫機。一小時就能做好一個包包！超快速！

NO！

尤其，製作皮革商品時，愛馬仕使用當時縫製馬鞍的特殊縫法「saddle stitch」，這種工匠親手一針一線地縫製，打造最高品質的方式，最終提升了愛馬仕的價值。

而少量生產的商品在大量生產、有如雨後春筍出現的商品中，更彰顯其稀有度。

現在缺貨，必須要等。

你以為我是誰，居然叫我等？我多付一點錢，下禮拜給我，OK？

於是，愛馬仕被當作是有錢也買不到的精品，開始獲得大眾的憧憬。

預訂的人很多，所以你得等到6個月後才能收到。

What?!!

儘管埃米爾將主要商品改為旅行用品，但是他不想拋棄以馬具揚名的愛馬仕傳統。

難道沒有什麼好商品可以延續愛馬仕的歷史嗎？

讓我想想……爺爺跟爸爸為了裝飾皮革，使用了頂級金屬和金、銀。

對了！就是這個！

試圖維持傳統的埃米爾，在苦思中誕生的商品就是於1927年問世的手環「Filet de Selle」。

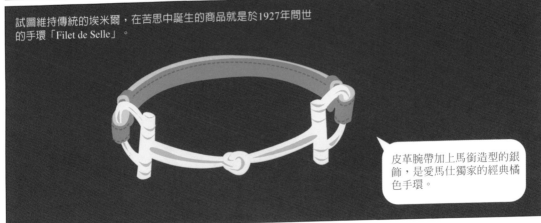

皮革腕帶加上馬銜造型的銀飾，是愛馬仕獨家的經典橘色手環。

而手錶系列，是源自於埃米爾做給女兒賈桂琳（Jacqueline）一支手錶當禮物，在當時獲得很大的迴響。

天啊！妳的手錶好美～

買不到嗎？

由此獲得靈感的埃米爾於1928年正式開發手錶商品，於是愛馬仕官方的第一支錶「Ermote懷錶」就此誕生。

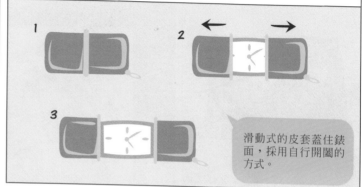

滑動式的皮套蓋住錶面，採用自行開闔的方式。

他也製作了打高爾夫球的專用錶。當時，打高爾夫球的人對於手錶經常故障這件事，感到很困擾。

因為常常用力轉動手臂，那股衝擊使手錶動不動就故障。

愛馬仕便推出不用戴在手腕上的腰帶錶！將它繫在腰間，用手按下按鈕，錶面就會自動彈出。

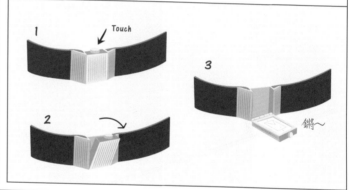

這個好方便！我再也不用擔心錶會故障了。

而不可不提的愛馬仕方巾系列又是如何誕生的？有趣的是，這源自於埃米爾在路上偶然看到軍人的手帕。

喔？那條手帕好漂亮！

該說愛馬仕與馬是無法切割的命運嗎？

拿用來做騎馬衫的絲綢做方巾吧！

他在絲綢工匠聚集的法國里昂開設方巾工廠，開始生產方巾。

1937年，為了紀念品牌誕生100周年，愛馬仕在國際博覽會上發行第一條絲製的方巾「carré」，引起很大的注目。

方巾的名稱是「巴士與女士（Jeu des Omnibus et Dames Blanches）」，含有「獻給眾人的遊戲與白衣女士」的意思，這原是放在埃米爾書房裡的棋盤遊戲名稱。

這條方巾是長寬各為90cm的正四角形，因此愛馬仕的方巾系列以法文的正四角形為名，取為「carré」。

另一方面，埃米爾的女兒賈桂琳與牧師之子羅伯特·杜邁（Robert Dumas）結婚。

成為愛馬仕家族女婿的羅伯特·杜邁，原本的夢想是當個建築師。

興建帥氣的建築，曾經是我的夢想。

但是，結婚以後呢？

管它建築什麼的，我都不需要了！我要把自己奉獻給愛馬仕！岳父大人！

哦，你真可靠。我選對女婿了。

羅伯特的興趣是收集石頭。

啊～找美麗的石頭們～

為了收集石頭，他經常到海邊散步。

有一天，他偶然發現掛在碼頭邊的船錨和鍊環。

哦哦！靈感浮現了。我好像能製造出比石頭更漂亮的東西！

曾是建築學徒的他具有一定的美感，又有製圖方面的素質。於是他開始用鍊環做設計，投入了所有的時間。

於是愛馬仕又誕生了一個符號（icon）！

岳父大人！岳父大人！請您看看我做出了什麼！

嗯？幹嘛大呼小叫的？

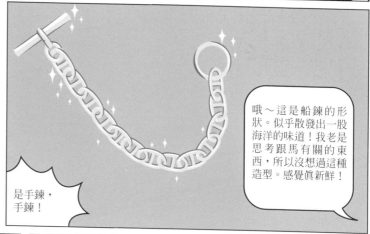

哦～這是船鍊的形狀。似乎散發出一股海洋的味道！我老是思考跟馬有關的東西，所以沒想過這種造型。感覺真新鮮！

是手鍊，手鍊！

這種鍊條真的很有魅力。只用在手鍊的話，不會太可惜嗎？

要不要套用在其他物件上面？

這個「Chaîne d'Ancre」的設計起先用於手鍊，不過很快就全面運用於愛馬仕的商品上，成為今日愛馬仕的經典符號。

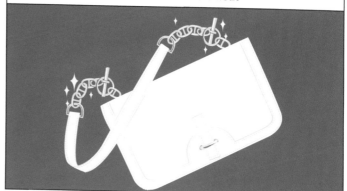

1939年，二次世界大戰爆發。

砰！！

答答！！

戰爭後，荒廢的市場上缺乏各種物資，許多商店被迫關門。其中，色素是不足的資源之一。

倒閉

清倉

倒閉

當時，愛馬仕產品的包裝是柔和的乳白色盒子。

但是戰爭以後，很難買到這種盒子。

我要之前常買的乳白色盒子。

唉唷，怎麼辦？戰爭導致物資不足，製作盒子的原料全都用完了……

其他顏色也都賣光了，現在只剩下這個……

糟糕……

……

沒錯，只剩下橘色的盒子。然而當時在法國，橘色是個連名稱都沒有的顏色。

這個顏色叫什麼啊……？

……

吼！

橘色是禁忌的紅色和受詛咒的黃色所調成的，被視為低賤階級的顏色。

果然太勉強了吧？您不買也沒關係。其他人也不會想買。

呼嚕嚕

但是埃米爾對它有不同的想法。

不，我要買這個，請幫我打包！

哦？

什麼？

他的選擇很正確。原本遭眾人忌諱的粗鄙橘色紙張，搭配愛馬仕產品，反而凸顯出天然皮革的質感。而橘色盒子也成為今日象徵愛馬仕的重要物件。

此外，透過包裝盒令人直接聯想到某個品牌的做法，在當時也相當罕見。

年輕時曾經立志要征服世界的埃米爾，實現了他的野心，用自己的一生將愛馬仕的名號推廣到全世界，達成了偉大的發展。然後在1951年離開了人間。

羅伯特……以後愛馬仕就交給你負責了。

什麼？岳父大人。這可不行。我又不是直系親屬，只是女婿而已。

不，你是我優秀的左右手，是最有辦法帶領愛馬仕好好發展的人才。

岳父大人……

於是，羅伯特接手管理愛馬仕。

為了愛馬仕，我該從哪裡開始呢？對了！我們需要一個標誌！

HERMÈS
PARIS

愛馬仕的起源是來自於馬跟馬車，所以呈現出馬、馬車和馬伕的標誌就此誕生。

他也發揮了傑出的繪圖能力，對絲巾的印製圖像傾注了很大的心力，帶給多元又精美的愛馬仕方巾極大的發展。

1956年的某天，摩納哥王妃葛莉絲·凱莉（Grace Kelly）出現在市中心。

啊！是葛莉絲·凱莉！

懷孕中的她用愛馬仕的鱷魚皮包包遮住自己的肚子，

天啊！我討厭被拍到肚子突起的樣子。

喀嚓喀嚓

喀嚓喀嚓

喀嚓喀嚓

這一幕被刊登在美國雜誌《生活（Life）》上，而她拿的包包迅速擄走女性們的心。在沒有特別宣傳的情況下，一張名人的照片瞬間達到頂尖的行銷效果。

喂，你有看到葛莉絲·凱莉的包包嗎？

啊～聽說那個牌子叫愛馬仕。

凱莉包好美喔！

其實這個包包是1935年生產的第二個愛馬仕手提包，名為「Petit Sac Haut à Curroies」。

現在大家都叫Petit Sac Haut為凱莉包。

?

既然如此，要不要乾脆把包包的名字改爲凱莉包？不過那是皇室成員的名字，應該不能亂用……

請問是摩納哥皇室嗎？我可以把包包的名字正式取爲凱莉包嗎？

隨便你吧！

於是，愛馬仕的Petit Sac Haut經過數十年，至今仍被稱爲凱莉包，是人氣極高的產品。

然而，具有卓越名氣和成長的愛馬仕，在1970年代經歷了一段停滯期。

原因出在愛馬仕只用昂貴的天然皮革，並花費漫長時間，精心打造一個包包；

此時，新的競爭企業則使用價格低廉的人造素材，迅速產出包包，開始獲得人氣。

外觀好看、製作簡便、管理容易的新素材包！

經營漸漸陷入困境的愛馬仕，最後終於不得不暫停事業。

不過，這只是短暫的成長痛。1978年羅伯特辭世，由他的兒子尚·路易斯·杜邁（Jean-Louis Dumas）接下經營權，展開愛馬仕的第二次成長期。

在他接手經營後，主要的革新著重在擴大購買愛馬仕的消費者階層。

購買我們商品的人大部分都是中年層。現在是攻占新的消費階層——年輕人——的時候了！

方巾廣告採用年輕的模特兒。讓他們穿丹寧服飾,打造出休閒感。

他的戰略成功了。呈現年輕感的廣告,讓年輕女性開始喜歡用愛馬仕的方巾。

另外,他在手錶的故鄉「瑞士」成立一家名為「La Montre Hermès」的國際公司,製造手錶,並獲得世界頂級品質的讚譽。

HERMÈS
PARIS

除此之外,透過成衣、餐具、眼鏡等多種系列的發展,愛馬仕進入1980年代後大幅成長,並創下一年五千萬美金的營收紀錄。

在1984年的某天,尚·路易斯·杜邁在搭乘飛機的途中,

偶然發現坐在隔壁的人,是英國的女星及歌手珍·柏金(Jane Birkin)。

哦,本人比電視上更漂亮。

呵,有人在看我。

?

哦?記事本在哪裡?

翻來覆去

噗……表面上是個女演員,包包裡面怎麼亂成這樣?整理一下吧。

!

你在怪誰啊!因為你們公司都不做有內袋的包包才會這樣吧!

愛馬仕難道沒有像凱莉包那麼漂亮，又具有良好收納功能的包包嗎？

嗯⋯⋯好像沒有。

凱莉包的容量太小，我每天帶著走來走去，根本就不實用。我會拿只是因為它好看，而且又是愛馬仕！

既然妳這麼不滿意，就親自設計看看吧。我替妳做一個。

天啊！真的嗎？

於是，以實用為目的誕生的愛馬仕包包，就是以珍·柏金命名的柏金包！

柏金包不是用機器製造的普通包包，而是愛馬仕工匠親手打造的藝術品。我們來聽聽工匠的故事吧！

製作柏金包的就是這雙手。

我是工匠

如果想跟我一樣成為皮革工匠，必須就讀3年的法國皮革工匠學校。

這還不是結束。畢業後，立刻就要進入實習階段。

噢耶～我終於畢業了～！我現在也是工匠了！

你想得美！還要再一年！

實習期間不管做出多棒的包包，都不會被販售。因為那還不是完美工匠的包包。

這個包包做得很棒吧？應該可以賣吧？

胡說八道！還要再一年！

結束兩年的實習階段，終於能親自參與愛馬仕包包的製作。此時，最重要的當然就是品質優良的皮革。

皮革由位在澳洲的鱷魚農場供應。

皮革業者會把最頂級的皮革優先賣給愛馬仕。

它是從爺爺的爺爺的時代一直有往來的老客戶～而且會用高價買走！

品質屬於前10%的皮革！

愛馬仕對於皮革的品質檢查相當徹底。

這裡有毛孔和被蟲咬的痕跡。這個出局！丟掉！

好戰的鱷魚會在表皮留下許多傷痕，所以不適合製成包包。

你這個跟鱷魚一樣狡猾的傢伙

說話居然這麼過分！！

受到澳洲天氣的影響，皮革狀態不佳的那一年，甚至會整年都不做鱷魚皮的包包。

唉～今年的生意泡湯了。

我的皮膚變粗糙了。快幫我擦高濃度的精華乳。

使用歷經嚴苛的檢驗過程挑選出來的頂級皮革做一個包包，足足需要18個小時。

我一周工作33個小時，所以一周做不好2個。

好！終於完成了！不過你要是以為我的任務到此結束，就大錯特錯了！

你把愛馬仕當成什麼～

每個包包都會標上製造日期、產地，以及製作者的編號，當顧客要求修理時，便能派上用場。

皮革被刮破了……修理上有點……

在我退休之前，我都得對這個包包負起責任。如果買走這個包包的顧客要求修繕，其他工匠並不能提供服務，必須由我親自來做～

要修的包包來了～

我要透過編號確認製造日期、產地後，再使用當年供應的皮革，將包包修到毫無瑕疵。

2001年的皮革

而且為了維持顧客包包的狀態，將包包交給賣場時，我要以工匠的技術盡量把包包修成原本的樣子。如何？很麻煩吧？這就是柏金包要價數十萬台幣的原因。

清除污垢
擦出光澤

好舒服～
果然還是
故鄉最好～

歷經千辛萬苦才誕生的包包，數量當然不多，想要愛馬仕包包的數百名顧客全都在預購名單上。請排隊～

請排隊～～

包包
包包
世上只有
包包好
包包
包包

無怪乎琳賽‧蘿涵（Lindsay Lohan）弄丟柏金包時，會放聲大哭。

我辛辛苦苦才買到的！嗚嗚嗚～快把我的柏金包找回來！！

現在全世界擁有最多柏金包的人，是足球選手貝克漢的老婆——維多莉亞‧貝克漢。

哭什麼？弄丟了就拿另一個嘛！琳賽只有一個柏金包嗎？

柏金包問世以後，愛馬仕於1987年迎接150周年，到了1990年代，精品產業透過國際貿易日漸活絡，創下龐大的營收紀錄。

**整整有
4億6千萬美金！！**

2003年，愛馬仕聘請高堤耶（Jean Paul Gaultier）擔任設計總監，成為時尚界的熱門話題。

我待會
會出現

因為高堤耶的設計風格是以破壞傳統、反抗社會而聞名！

高堤耶有辦法延續愛馬仕的經典風格嗎？

太誇張了！高堤耶跟愛馬仕一點也不搭！

不過那都是杞人憂天，他展現專業的風範，稍微克制偏離框架的傾向，努力凸顯愛馬仕的傳統。尤其將愛馬仕的象徵——方巾運用在女裝上，是他最大的功勞。

我做的不是用來搭配衣服的方巾，而是用來穿的方巾。愛馬仕方巾的存在本身就是個亮點。

柏金包

凱莉包

2003 S/S

2006 S/S

2008 S/S

2011 S/S

高堤耶利用方巾做成的服飾
此外，他還添加愛馬仕獨特的騎馬服要素，以品質優良的橘色皮革做出各種服裝。

7年以來，他在愛馬仕的傳統中融合了自己的獨門創意，推出許多優秀的作品，並以2011年的春夏作品為結束，告別愛馬仕。

換手！

我是Lacoste Christophe Lemaire（克里斯多夫‧萊艾爾），曾是Lacoste的設計師，要來接替他的位置。

直到今日，愛馬仕仍以創始人蒂埃利‧愛馬仕堅持貫徹的工匠精神為基礎，並維持家族經營，已傳到他的第5代、第6代子孫。由於擁有路易‧威登的精品大企業LVMH對他們伸出觸手，所以愛馬仕為了保護經營權，成立了控股公司，以對抗這個情況。

慢慢的、慢慢的把你們買過來……呵呵呵

LVMH

愛馬仕

絕對不能把經營權給你們！

想聽路易‧威登跟LVMH的故事？下一篇即將揭曉～

1. 蒂埃利‧愛馬仕

文獻 Richard Martin, *Contemporary Fashion*, St. James Press, 1995
      Choe Yu-jin,〈愛馬仕,『當代頂級』皮革製品的歷史〉,《周刊韓國》,2008.11.18

網站 Infomat.com <Fashion Industry Search Engine "We Connect Fashion">
      Hermes.com <Hermes Official Website>

2

Louis Vuitton
路易・威登
1821～1892

帶LV包包去露營很奇怪嗎？
—潔西卡・辛普森—

路易・威登創造出世上第一個四角形皮箱，並在之後的150年間達到耀眼的成長，成為今日的世界頂級名牌。在服裝、飾品、手錶等眾多商品線中，最具代表性的依舊是包包，在韓國更因為走在街上每三秒就能看到一次，被稱為「三秒包」，可見相當具有人氣。LV如今已脫胎換骨為龐大的精品集團LVMH，也是時尚產業最大的精品集團，持續在業界發揮力量。

路易·威登小時候的夢想是當木匠。

因為他的父親皮耶·威登經營一家木工廠，

所以從小在父親的底下，也自然學會了處理木頭的方法。

不停的刨木！

哇！我也要成為跟爸爸一樣厲害的木匠。

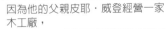
〈法國昂榭〉

但是對14歲的路易·威登來說，故鄉實在太小了。

昂榭太小了。我想要見見更寬廣的世界。

爸，我想要去巴黎！聽說那裡的人口非常多！

別做夢了！我們哪有錢讓你去？下個月要交稅金，手頭也很緊。

哼！就算只有我自己，也一定要去！

你自己要怎麼去？那裡離這裡很遠耶！

憑你？

路易於1835年離開故鄉，當時別說是汽車，連火車都尚未普及。

那點距離算什麼？我要用走的去。

什麼？

憑著一股勇往直前的熱情，這趟旅程對路易一點也不艱難。

？

？

請問到巴黎還有多遠？

400公里。

嘖嘖

原來巴黎這麼遠？

不過路易並未放棄。前往巴黎的路上，只要看到餐廳或馬廄，他就會去那裡工作，賺取旅費。

男人一旦開始，就一定要堅持到最後。

於是1年內他終於抵達夢想的巴黎。

哇！這裡就是巴黎耶！

歡迎來到巴黎

然而感嘆也只持續一下子，為了討口飯吃，首先還是得賺錢才行。

梅勒莎包包店

這家包包店有在徵人嗎？

你有製作包包的經驗嗎？

沒有，我只學過一點木工……

這是命運的開端。在這裡發生的事情徹底顛覆了路易的人生。

是嗎？既然你沒辦法製作包包，就去幫客人打包行李吧！

是！我會認真工作的！

當時法國的包包店不僅販售包包，也幫準備去旅行的上流階層打包行李。

沒想到路易出乎意料地善於打包行李。

嘿嘿

天啊～你怎麼打包得這麼整齊？

他打包行李的功力很快就在巴黎傳開了。

路易

路易

請幫我們公爵夫人打包！

我們將軍的行李也拜託你了！

他的好手藝甚至傳到拿破崙三世的皇室裡。

我們皇室的僕人怎麼這麼不會打包行李？我昂貴的衣服都皺掉了！

烏捷妮皇后

聽說巷子裡那家梅勒莎包包店的員工很會打包。

什麼？妳這笨蛋！怎麼不早點把他找來?!

你就是那個叫路易什麼的庶民嗎？

是的，皇后。

你去幫我打包行李吧！讓我看看你的手藝。

這不算什麼……

哇！你打包行李的能力簡直是天才！

我任命你為我的專屬捆工。以後你就住在皇宮，幫我打包行李吧。

這是我的榮幸，皇后！

受到烏捷妮皇后寵愛的路易以捆工的身分開始工作，直到了過了30歲的某天。

威登，你只當個打包行李的僕人，實在太浪費你的才能了。你打算打包到你死掉的那天嗎？

這或許是我的天職吧！

我會幫助你，你要不要開一間店？

什麼？

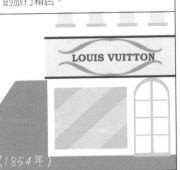

當捆工的期間讓他不知不覺成為包包專家，在33歲的那年，在烏捷妮皇后的援助下，開了一間以自己名字命名的旅行箱店。

LOUIS VUITTON

〈1854年〉

另一方面，這時的交通工具變得相當發達，旅行的上流階層越來越多。

喜歡治裝的貴夫人們，每次去旅行的時候，總會用數十個木箱裝那些昂貴的衣服。

這是吃飯時穿的，那是喝茶時穿的，這是去派對時穿的……

但是不同於今日，當時的木箱設計在搬運上產生很大的不便。

啊！倒了！！

！！！

嗯，蓋子是個問題。
因為蓋子是圓弧狀，所以箱子沒辦法堆疊。

把蓋子換成平坦的造型吧。

1854年，路易‧威登推出了用灰色帆布製成的四角皮箱。這就是世界第一個四角形的皮箱！

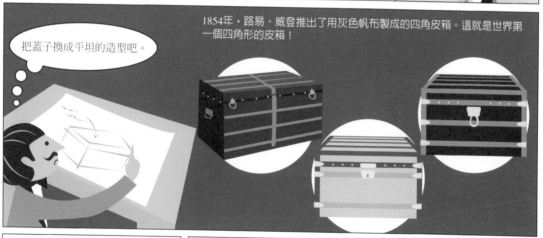

四角形的皮箱不管有幾個都能堆疊，搬運時也很方便。

加上表面的材質不是用皮革，而是防水的帆布，即使下雨也不用怕。

皮箱內部有隔層，整理衣服和隨身物品都很有效率。

多虧這個便利的皮箱，不僅是貴族，連皇室都紛紛向他下訂單。路易‧威登不再是打包行李的僕人，他成為第一個皮箱的製作者，而聲名遠播。

開店5年後，他設立工廠，擁有了數百名員工。

〈法國阿斯涅爾〉

不知不覺邁入老年的路易‧威登，在1859年將事業交給喬治‧威登。

如果你毀了我辛苦養大的事業，我就跟你拚命！

請……請您別擔心，爸爸。

他跟父親路易一樣，是個充滿想法、手藝出色的人物，1867年在巴黎的世界博覽會榮獲銅牌，證明自己的才華。

金牌是我愛馬仕唷～嘿嘿～

不過有個麻煩和路易‧威登閃耀的成果一起開始，至今仍是個頭痛的問題……

那就是仿冒品！
也就是黑心貨的誕生！

天啊！這不是路易‧威登嗎？

便宜賣喔～跟路易‧威登100%一樣喔～

哪個笨蛋會用比較高的價錢買同樣的東西～

一模一樣耶！我要買這個！

ROUIS BUITTON

那是什麼！完全抄襲我們的包包！

到處都是仿冒品。不能這樣下去。我們現在需要新的設計。

對了！
在皮箱上加花紋吧！

因此，1872年為了防止仿冒品，路易‧威登的條紋皮箱誕生了。

之後，喬治‧威登靠著卓越的點子，接連著開發出劃時代又實用的旅行箱。

為了避免衣服變皺，內有衣架和抽屜的服飾箱（1875年）。

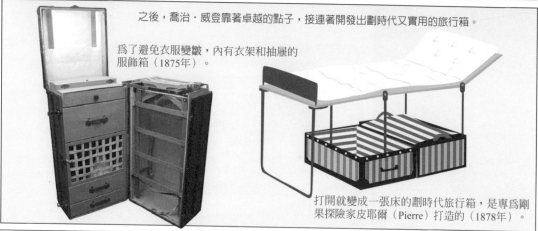

打開就變成一張床的劃時代旅行箱，是專為剛果探險家皮耶爾（Pierre）打造的（1878年）。

路易‧威登的名聲跨越法國，擴散到海外，英國和美國也出現想購買路易‧威登的顧客。1885年，路易‧威登在倫敦和紐約開店，開始以全世界為舞台，拓展事業。

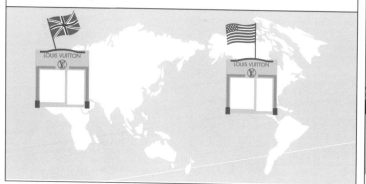

然而，緊纏著路易‧威登的問題又引起一場風波。

喂，聽說你是真的？
明明跟我的一樣。

隨著路易・威登的發展，仿冒品業者的實力也日漸提升。

對我來說沒有不可能的事！

路易・威登新品上市了！

又被抄襲了?!

得有新的設計才行。只有條紋還不夠。

請你好好思考

於是，再次為了防止剽竊而誕生的皮箱，就是1888年推出的「damier（棋盤格紋）」。

對了，這次換格紋。

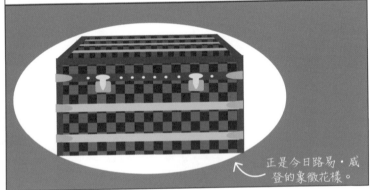

正是今日路易・威登的象徵花樣。

在那個年代，路易・威登也跟現在一樣昂貴，但是路易・威登之所以能成為世界第一的精品品牌，19世紀奢侈的貴族社會功不可沒。

當時的貴族和皇室熱愛購買精品，花在昂貴服裝和飾品的錢多到難以想像。美國新興的富有階層也陸續加入這個行列。

我光是買衣服就花了80萬美金。

呵，我是一年花360萬美金的女人。

然而，如果不是貴族和皇室成員，根本不敢對高價的名牌有非分之想。

貴得令人討厭……

於是就把眼光放到設計跟名牌包一樣，價格卻相對低廉的仿冒品。

這種情況不斷助長仿冒產業，

什麼？damier？這種棋盤格紋難道我做不出來嗎？

喬治‧威登為了抵制仿冒品，只好再想其他的辦法。

我真的快瘋了。是花紋太單純了嗎？看來得做稍微複雜、精緻的圖案才行。

取父親姓名的大寫，加入L跟V。

最近新藝術派（Art Nouveau）很流行，用看看花跟星星的圖案吧！

因此，今日象徵路易‧威登的字母組合花紋（Monogram）於1896年誕生了，在產品印上品牌標誌的做法也是世界第一。

喬治預防仿冒的努力尚未結束。

我要把這個花紋登記為商標。必須要被認同這是我們的東西！

我還要去告那些仿冒商！那樣根本就是小偷的行為！

你要告就去告啊～

氣得發抖

在巴黎首度召開的仿冒品訴訟案，喬治獲得最終的勝利。

鬈鬈頭，你有罪！

唷呼！

驚

後來，喬治使用這個花紋，為了旅行者的方便，想出了很多創新的點子。

沒錯！去旅行也能享用下午茶～！

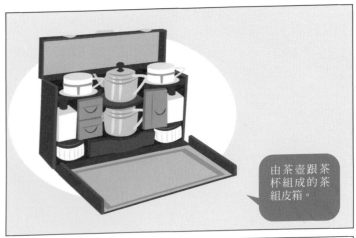

由茶壺跟茶杯組成的茶組皮箱。

為了在旅行中也能寫文章，保管打字機並方便搬運的皮箱。

就像現代的筆電

不僅如此，他還幫旅行者在皮箱的表面刻上主人的名字縮寫。

請問貴姓大名？

為了製造旅行專用的皮箱，他對產品的耐用度下了很多功夫。

我要出去旅行3年，它撐得住嗎？

什麼！3年?!

當時沒有能夠用來測試皮箱耐久度的科學機器，所以他曾自己拿著皮箱出去做實驗。

箱子得撐到走出這座沙漠才行。

穿越突尼斯沙漠中

喘呀呀

呵呵……
保證撐得住。

該歸功於這種不畏艱辛的努力嗎？路易‧威登至今仍以它的匠人精神和耐用度聞名。

甚至可以傳承使用！

1
2
3

另一方面，巴黎的西部地區漸漸繁榮了起來。

因此，1914年路易‧威登的賣場位置決定搬到香榭大道。那裡正是今日路易‧威登的總店。

路易‧威登的名聲不斷的攀高，貴族客戶也越來越多。

西班牙國王
阿方索七世

石油大亨
吉賓金

億萬富翁
盧奇諾‧
維斯孔蒂

1940年二次大戰時，它的名聲在戰爭漩渦中也沒毀滅。

德國占領巴黎後，巴黎的代表品牌接二連三的關門……

CHANEL

CLOSED

啊，連香奈兒也關門了。

不過路易‧威登的名聲在敵國也很響亮。

這裡是路易‧威登嗎？

兒子

啊，是德軍！我們這下死定了。

喂，老闆。我是來買包包的。

!!!?????

哦哦！果然是名牌！超好的！

……

謝謝

殘酷的戰爭結束後，世界重新充滿活力。然後，很快地就進入了大眾化時代。

唷呼～出發囉～

我們夫妻要去旅行，請幫我們推薦包包。

旅行要用的話，就非這個皮箱莫屬了。

不，我們要開車來個輕鬆的旅行，不需要又大又硬的皮箱。

我們只有皮箱耶……

如同愛馬仕迅速應對旅行產業的興起，路易‧威登也開始發現時代的變化。

沒錯，現在該來製造攜帶方便、又小又軟的包包了！

但字母組合帆布有做防水處理，所以很硬，沒辦法用來做柔軟的包包。怎麼辦……

沒辦法了，只好先做個沒有花紋的軟包吧！

← 兒子

天啊！路易‧威登推出可以手提的包包耶！

可是好單調。什麼花紋都沒有。

爸，包包沒有任何花紋，導致市場反應不佳。

但是字母組合帆布很重，還能怎麼辦？

喬治的兒子——賈斯通—路易·威登，從這時候開始研究如何做出柔軟的字母組合帆布。

成功了！好柔軟！字母組合帆布變得好軟！

摺來摺去 摺來摺去

於是，1932年賈斯通推出第一款用字母組合帆布做成的手提包「Noé」

發明的天分是路易·威登家族的遺傳嗎？賈斯通之子克勞德—路易·威登也不斷地研究素材。

還不夠。還得更軟一點。

最後他在1959年製造出跟棉布一樣軟的字母組合帆布。

素材變軟以後，設計上的限制就完全消失，很快地又有各種設計的包包問世。

Papillon Bag (1966年) 為當時知名模特兒崔姬設計的包包。

軟包不僅比皮箱價格低廉，在日常生活也能方便攜帶，使大家對路易‧威登的軟包趨之若鶩。而它的人氣甚至傳到了亞洲。

花紋真的真的好美喔！

路易‧威登～我好愛～

路易‧威登的人氣火熱到超乎想像。不過它的價格比在法國高得不合理，

真的真的太貴了！

好貴！貴死了！

導致日本人不分你我全都飛到法國購買路易‧威登，

乾脆去那裡買！順便旅行！

引發法國總店總是擠滿了日本人，而非法國人的有趣景象。

LOUIS VUITTON

請賣我包包!!

請賣我包包!!

沒錯！亞洲是個有潛力的市場。來進攻亞洲市場吧！

因此，1978年路易‧威登在日本東京和大阪設立賣場，開始集中攻略亞洲市場。

東京

大阪

歡迎光臨！

路易‧威登將觸角延伸到全世界，創下年銷售額達7千萬法郎的紀錄。1985年推出「Epi」系列，延續品牌的成功。

首次在包包上使用鮮明顏色的系列，皮革上的水波壓紋是它的特徵。

不過，危機正悄悄地逼近路易‧威登。

天啊，搞什麼？妳居然拿路易‧威登？那已經落伍了～

是……是嗎？

唉唷，好俗氣！拿什麼路易‧威登？那是媽媽拿的吧！

進入1980年代，儘管路易‧威登的品質優良，卻被認為是俗氣的品牌。

偶漂釀嗎？

原因就出在於家族經營！世界快速變化，人們的喜好越來越多樣化，但是路易‧威登的企業沒有確切的體系，一直都是家族經營的形態。由於路易‧威登從來沒有專門引導國際商業的人才，終究陷入了經營災難。

LV FAMILY

此時，有一直在覬覦路易‧威登的人，他就是畢業於法國國家行政學校的貝爾納‧阿爾諾。

LOUIS VUITTON

路易‧威登，這個品牌這樣凋零就太可惜了。

當時他在美國從事不動產仲介業，累積大筆的財富，每當歐洲的名牌面臨破產、失去力量時，他就會逐步收購它們。第一個獵物就是酩悅香檳跟軒尼詩。

香檳的品牌酩悅

呵呵，我是名牌獵人。♦

請記住這個人！他在名牌時尚界的歷史上，至今仍是影響力很大的主要人物。

白蘭地的品牌軒尼詩

FONDÉ EN 1743
MOËT & CHANDON
CHAMPAGNE
★

Maison Fondée en 1765
Hennessy
COGNAC

收購酩悅香檳跟軒尼詩以後，他接著又買了迪奧，

最後連看中的路易・威登也買到手了。

請好好守護它……

別擔心！我可是商業天才。

然後將自己持有的酩悅香檳、軒尼詩跟路易・威登合在一起，創立全新、龐大的精品企業「LVMH」！

LVMH
MOËT HENNESSY・LOUIS VUITTON

當時多數的歐洲精品都沒有專業的行銷，單純以企業形態營運。當它們發生危機時，法國出身卻學習美國經營方式的貝爾納・阿爾諾就會趁機收購企業，逐漸引起法國人的反感。

穿著喀什米爾西裝的狼！

我們法國的自尊心全被那傢伙的野心買走了！

今日LVMH擁有的全世界品牌。

Loewe
Christian Dior
Donna KaranGuerlain
Fendi   Celine
    Marc Jacobs
Givenchy   TAG Heuer
        Benefit
            fresh
Kenzo
    MakeUp Forever

不過這些批評很快就結束了。為什麼？

啊！

奇怪？

因為原本面臨倒閉的品牌，在他的經營手腕之下，重生為高價的世界品牌。

LV
LOUIS VUITTON

在專業的商業系統內，路易・威登成長到全世界擁有130多家店面的規模。

路易・威登！　路易・威登！

路易・威登！

路易・威登！　路易・威登！

而且貝爾納・阿爾諾也解決路易・威登缺乏設計師的問題。

我不要單純的設計師，我要具有明星架式、瞬間就能吸引別人目光的設計師。

於是，1997年路易‧威登選了新的藝術總監，他就是馬克‧雅各布斯。

才華洋溢的年輕設計師馬克‧雅各布斯，為路易‧威登的設計帶來極大的變化。

想脫離陳舊的形象，需要新的變化。

他推出新服飾系列，並大受歡迎。

路易‧威登流行時裝大成功！

路易‧威登新旋風！馬克‧雅各布斯！

接著，他打造出與既有的路易‧威登形象截然不同的「Vernis」系列。

閃閃發亮的漆皮～！

在字母組合牛皮表面塗上漆料的產品。產品名稱Vernis是法文「閃亮」的意思。

此外，路易‧威登與日本藝術家村上隆合作，推出Monogram Multicolore。總是使用暗褐色的經典花紋遇上彩色的普普藝術，令人眼睛一亮，十分受到女性的青睞。

在花紋上印製英文塗鴉的Graffiti系列，也是過去不曾有過的創新設計，廣受好評。

這些新變化使路易‧威登的形象變得年輕又活潑！
新鮮且現代的感覺為路易‧威登帶來重生的契機。

Neverfull、Speedy、Galliera、Alma······大小、造型、功能，連顏色也十分多元的包款。

那路易‧威登的子孫們到哪兒去了呢？路易‧威登的第5代孫子——派崔克—路易‧威登跟他的先父一樣，依舊為路易‧威登的發展奉獻。

他身為皮箱製作技術家，精通所有的生產工藝，現在負責路易‧威登的特別訂單和宣傳。

利用Epi皮革製造的奶瓶袋。

使用字母組合花紋的蛋糕盒。

初期路易‧威登專替每位客人製造包包的匠人精神，一直延續至今。

請問貴姓大名？

1900's

請問貴姓大名？

玄彬

2010's

如同百年前為客人刻上名字縮寫，使客人能拿著專屬自己的包包。為了提供這種服務，

KMJ

今日也像從前接受皇室訂製一樣，使用符合客人需求的材質跟設計製作，延續著這個傳統。

免費替客人在旅行箱或皮革包上雕刻名字大寫的「Hot Stamping（燙印）」服務。

配合客人需要的功能、材質和設計，製造世上獨一無二的路易‧威登包包的「Special Order（訂製）」服務。

在經典花紋產品上加入指定顏色的條紋和名字縮寫的「Mon Monogram」服務。

2. 路易‧威登

文獻 Stephanie Gershcel, *Louis Vuitton*, Assouline, 2006
Richard Martin, *Contemporary Fashion*, St. James Press, 1995
Paul-Gerard Pasols, *Louis Vuitton: The Birth of Modern Luxury*, Harry N. Abrams, 2005
Lee Jin-ju,〈Special Knowledge：名牌故事 路易‧威登〉,《中央日報》（韓國），2010

網站 louisvuitton.com <Louis Vuitton Official Website>
1st-4-louis-vuitton.com

guardian.co.uk <Guardian News and Media Official Website>

legacytrunks.com

3

Thomas Burberry
托馬斯・博柏利

1835～1926

到遠東地區做雪橇旅行時，BURBERRY派上很大的用場，令我由衷
感謝。BURBERRY是我們的好朋友。
——羅爾德・亞孟森——

有人說英國的三大產物是「議會民主主義、蘇格蘭威士忌和
BURBERRY」，可見BURBERRY是經典的英國風格象徵，
不過它的開始卻是一大革新。它發明了世界最初的防水斜紋
布料——gabardine（軋別丁）；且專為參與二次大戰的軍官
製作的軍用雨衣，一度受到全球名人的熱愛。BURBERRY
以BURBERRY PRORSUM系列為首，在服飾、包包、配件
等領域推出更年輕、更活潑的風格。
（譯註：prorsum是拉丁文「前進、往前」的意思，
BURBERRY PRORSUM屬於該品牌最高級的訂製系列。）

1856年，英國漢普郡貝辛斯托克鎮。

二十一歲的托馬斯‧博柏利在那經營一家小型服飾店。

BURBERRY BURBERRY

曾在布商當過見習生的托馬斯‧博柏利對服飾充滿熱情，尤其喜愛夾克、大衣之類的外套。

他的個性實在、感覺敏銳，使他的店廣受好評。

最近的天氣最適合穿這個！

嗯，看起來很不錯。

啊，下雨了？客人也來得差不多了，今天要不要就到此為止？

英國的天氣真善變，害我的衣服都快淋濕了。

除了我以外，每個人都穿雨衣。

碎碎唸

？

!!

每次下雨都要穿這件又重又礙手礙腳的雨衣，真討厭。

當時的雨衣用橡膠製成，以防雨水滲透，所以穿起來很重，造成行動不便。

寶貝，我的雨衣太重，害我的腰好痛。我想先回家了。

什麼？

我們見面才沒多久耶！你這個虛弱的男人！好啊，你要回家就回家吧！

如果雨衣能變輕，行動就能更輕鬆……難道不能做得輕一點嗎？

然而要找到防水的輕布料並不簡單。

難道不是橡膠做的，就不能防水嗎？

他夜以繼日地將心力全投入在開發布料上，卻想不出個好辦法。

啊，我會頭痛是因為我過度投入嗎？今天先喝杯啤酒，讓腦袋冷卻一下吧！

欸～又下雨了。

給我一杯清涼的啤酒！

滴水

來囉～

外面的雨下很大吧？

是，英國的天氣老是這樣。

喔？他的衣服完全沒濕掉耶！

我也要一杯啤酒。

他進來的時候明明沒有穿橡膠雨衣，卻一點也沒濕！

???

剛剛你外面穿的是什麼？

工作服。

工作服？

這是我們牧羊人在下雨時穿的。

沒錯，就是這個！真是太謝謝你了！

工作服是18、19世紀英國的牧羊人、農夫、馬伕在下雪或下雨時，穿在衣服外面的罩衫。

它比其他衣料更輕、更耐用，還能水洗，經常被用來當勞工的工作服，但是因為設計粗糙，所以鮮少當便服穿。

啊哈～原來是用亞麻布跟羊毛做成的！不過還是有點重，得想辦法讓它變輕才行。

托馬斯經歷過無數次的失敗後，終於在1888年開發出新的材質。

這就是今天的「軋別丁」布料。

這個名字源自於西班牙文的「巡禮者穿的外衣」。

想完成軋別丁，必須先對棉料進行防水處理，等織造後再做一次防水處理，以達成完美的防水功能。

不僅能保溫，在炎熱的天氣也能阻擋熱氣。

冬暖～

夏涼～

它兼具這些功能，重量卻很輕。

托馬斯率先發明了軋別丁，這對時尚業是相當大的貢獻！

他一發明軋別丁，便去申請專利，而托馬斯‧博柏利的全盛期也就此開始。軋別丁外套的功能甚至傳到海外，湧現大量的訂單。

軋別丁

軋別丁

軋別丁

軋別丁

軋別丁

軋別丁

軋別丁

軋別丁

現在差不多該建立我的專屬品牌了。讓我的聲名遠播！

Thomas Burberry

於是，1891年BURBERRY誕生了。〈倫敦西區Haymarket 30號〉

T.BURBERRY & SONS

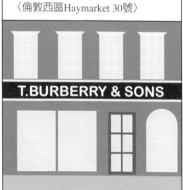

另一方面，關於軋別丁外套的傳聞甚至傳到英國軍隊裡。

1895年波爾戰爭當時 南非

將軍，因氣候不佳，德蘭士瓦地區的作戰攻擊節節敗退。

防水服太重，會害士兵的移動變慢。

這樣可不行。

重新訂購較輕的防水服，您覺得如何？

但是軍用的防水服只有這個，不是嗎？

我聽說有家叫BURBERRY的店，發明出防水性能優秀又輕巧的產品。

喔！沒錯

BURBERRYS

好！馬上跟BURBERRY訂防水服！

遵命！

我們想請你做戰場上需要的防水服。將軍說大概要一萬件！

此時BURBERRY製作的軍用防水服叫「tielocken」，是今日BURBERRY風衣的始祖。

連軍隊都愛BURBERRY，國王會例外嗎？

我要讓你成為我們皇室的指定商人。

成為皇室指定商人的托馬斯‧博柏利開始為國王製作軋別丁外套，

來人啊！我要外出。

是！國王陛下！

但是愛德華七世要穿外套時，不會說「把我的外套拿來」。

把我的BURBERRY拿來。

後來，BURBERRY外套甚至成為軍用雨衣的代名詞。

嘻嘻嘻嘻我不是軍用雨衣男喔～

啊啊!!是BURBERRY男！

波爾戰爭當時的tielocken防水外套：沒有鈕釦，用帶子繫住外套是最大的特徵！

1901年，使用騎馬騎士的圖案和意指「前進」的prorsum，BURBERRY的商標終於誕生！

prorsum：意思是要像發明軋別了一樣，時時刻刻抱持著積極開拓的精神。

BURBERRY原本的名稱是在最後加上「S」的BURBERRYS。1999年刪除S，品牌名稱改成現在的BURBERRY。

BURBERRY

另一方面，如同前面介紹的愛馬仕和路易‧威登，汽車的出現也影響了BURBERRY。

汽車使旅行變得更容易，喜歡打獵和釣魚的人越來越多，對運動服飾的需求也因而增加。

BURBERRY推出軋別丁製的露營裝備、登山服、釣魚服等，立刻受到熱愛運動人士的歡迎。

尤其當時的探險家中，挪威籍的羅爾德‧亞孟森和他的夥伴史考特船長相當有名，

我們是朋友，也是敵人～

亞孟森船長前往南極探險時，選擇BURBERRY的軋別丁防寒服和裝備為探險服。

南極征服！

當他終於成為第一個抵達南極點的人類時，

south pole

可是我要怎麼跟史考特那傢伙證明我來過這裡？對了！那傢伙也知道我買了BURBERRY的帳篷，就把它留在這裡吧。

嘻嘻嘻

嘻嚕啦啦～

回家囉～

亞孟森已經來過啦！

許多冒險家每當戰勝嚴酷的大自然，創下人類第一的紀錄時，都會在那裡留下BURBERRY。

好，該出發了吧？

例如：世界最初利用飛機橫越大西洋的約翰‧阿爾科克和亞瑟‧布朗，也是穿著BURBERRY飛行！總是出現在歷史重要的瞬間，讓BURBERRY的名聲越來越浩大。

另一方面，在波爾戰爭出現過的tielocken防水外套，也活躍在1914年的一次大戰。

將軍！戰爭已經演變為溝壕戰，您需要一套適合的將軍服！

是嗎？那就跟BURBERRY訂吧。

從tielocken發展出的BURBERRY軍用外套多改用雙排釦固定正面，為了保護扛槍時常摩擦的部分，從肩膀到胸口部位縫上Gun Patch是它的特徵。此外，為了避免灰塵和異物進入，還在手腕部位加上綁帶。

於是，一次大戰時，BURBERRY再度負責製作軍用外套。

要把原本的tielocken改成適合溝壕戰的衣服。

於是，這件從tielocken變形的新外套被選為一次世界大戰的正式軍服，數十萬名軍官穿著BURBERRY上戰場。

然後世界再度找回和平。

軍服怎麼辦？要丟掉嗎？

我很喜歡這件軍服。丟掉太可惜了。

要帶回家嗎？

對啊！我要繼續穿！

最後軍官們將自己的軍服帶回家，當成日常服飾穿，引起一般民眾的注意。

天啊！那件外套好好看～

那好像是叫BURBERRY？

看起來超有男子氣概～

這件外套迅速獲得大眾的喜愛，開始銷售給一般民眾。知名的BURBERRY外套就是這樣誕生的。

此外，它的經典設計不受流行和季節的影響，英國人甚至會傳承給下一代穿。

我要把我的總財產BURBERRY外套傳承給我兒子。

1920年，BURBERRY首度使用格紋布料當軍用外套的內裡，這也成為日後BURBERRY的特徵。

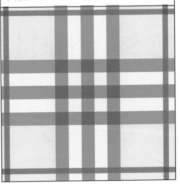

後來，BURBERRY創始人托馬斯·博柏利辭世。

然而，BURBERRY的人氣並未冷卻。1940年代賣座的電影也貢獻了一份力量。BURBERRY幾乎沒有請明星打廣告，但令人感激的是，當時電影裡迷人的主角們都有志一同地穿著BURBERRY外套。

以今日來看，宣傳效果相當驚人。這些電影在大眾的心中種下「BURBERRY是高級又浪漫的品牌」的形象。

費雯‧麗　　勞勃‧泰勒　BURBERRY

電影《魂斷藍橋》（1940）

亨弗萊‧鮑嘉　BURBERRY

電影《北非諜影》（1942）

人們為了購買演員穿的BURBERRY外套，開始湧入賣場。

請給我勞勃‧泰勒穿的那件!!

不僅是當代的演員，從英國皇室到各國的政經人士都很喜歡BURBERRY，1989年甚至榮獲英國皇室的認證，到達品牌的巔峰。

瑪琳‧黛德麗　　溫斯頓‧邱吉爾　　比爾‧柯林頓
奧黛麗‧赫本　　喬治‧布希

但是到了1990年代，世界急速變化，大眾的喜好變得五花八門。

Hey Jude～
人生是重金屬　　是Hip-hop

BURBERRY卻在這時候犯下BURBERRY史上最嚴重的錯誤。那就是沒對時代的變化採取任何因應措施。

幹嘛要做那種事？隨著潮流任意改變設計，是廉價品牌才會做的事。

我們有百年歷史的BURBERRY外套，而且還有這個經典格紋！還需要什麼呢？

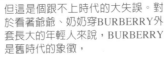

重點是，我們是誰啊？
是受到皇室認證的
BURBERRY耶！
只要有這個就萬事OK啦！

但這是個跟不上時代的大失誤。對於看著爺爺、奶奶穿BURBERRY外套長大的年輕人來說，BURBERRY是舊時代的象徵，

那個女人怎麼有股奶奶的味道……

奶奶?!

而且大家一看就會聯想到BURBERRY的格紋，太容易成為仿冒商的剽竊對象。

BURBERRY有什麼了不起？只要用格紋就都一樣啦！嘿嘿嘿～

販售BURBERRY的賣場以倍數增加也是個問題。

你想要賣我們BURBERRY的產品嗎？當然沒問題。你絕對會大賣。

與BURBERRY簽約的商店如雨後春筍般地冒出來，連一般的包包店也在賣BURBERRY的產品。

這瞬間破壞了BURBERRY的高級形象，導致部分高級百貨公司為了維護自己的形象，不再進BURBERRY。

快讓我進去！

雪上加霜的是，還有另一個攻擊BURBERRY的伏兵。那就是當時英國新興的青少年世代「chavs族」。

來看看他們的風格。

第一，音樂只聽Hip-hop！

第二，說話時亂用英文文法才顯得酷！

ight la, whats appnin, u goin to maccyDs laters ked?

innit la!

??????

（譯註：chavs族指的是沒受過什麼教育、文化和道德素質低落的人，通常用來描述工人階級出身的年輕人。他們追求名牌服裝，必備BURBERRY的格紋棒球帽是特色之一。）

第三，身上的配件一定要閃亮亮的！

金光閃閃，瞭不瞭？

他們認為自己引領潮流，是全世界最酷的年輕人。

噢耶～我們果然最帥！一起來喝酒反抗吧！

cool~

但他們不過是群盲目追求時尚的流氓。

哇哈哈哈哈～我們是趨勢！

討厭的小混混。

不幸的是，他們喜歡戴的帽子是BURBERRY！

他們戴著BURBERRY帽子，穿著PRADA運動鞋，穿梭在夜店和夜晚的街上，動不動就惹是生非。

你這傢伙！你懂什麼時尚？運動風格才是王道！

你這個像乞丐的chavs！

最後英國的夜店和酒吧甚至貼出這種公告。

NIGHT club

戴著BURBERRY
格紋棒球帽的人
禁止進入

紅極一時的香奈兒、Dior等品牌準備展翅飛翔，BURBERRY卻開始遭人厭惡。

所有的災難同時降臨，使BURBERRY陷入退出市場的危機。BURBERRY誕生於托馬斯·博柏利的開拓精神，走過了黃金時期，卻要因為後代的失誤，就此消失嗎？

唉唷，快點逃跑。

真是奇怪。明明是我們皇家認證……

抱歉。我也要養家餬口……

啊啊啊啊啊！我的名聲。我的形象。

就在這一瞬間！如同貝爾納·阿爾諾拯救了路易·威登，幫助BURBERRY逃出危機的救世主出現了。

登登！

就是我！布拉佛（Rose Marie Bravo）！

她是紐約的薩克斯第五大道精品百貨店（Saks Fifth Avenue）的女社長。

去負責BURBERRY，要是失敗該怎麼辦？別管它了。

自信滿滿

不！我要親手拯救BURBERRY！

1998年一上任BURBERRY新CEO的職務，她就開除所有的高級幹部。

我不需要把BURBERRY搞成這樣的人。

她的第一項改革，就是改造BURBERRY的品牌形象，重新定義深植在消費者心裡的印象。

改造

BURBERRY老氣又無聊。

BURBERRY不僅經典，也充滿新鮮感和美感。

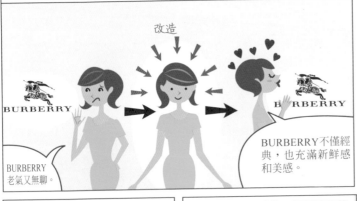

然而，當時BURBERRY推出的商品就只有風衣，開發新產品也需要花費時間。

先把原有商品的老舊形象改成年輕的感覺吧！

她聘請知名時尚攝影師Mario Testino，並選用高級時裝界的超級模特兒Stella Tennant擔任BURBERRY的模特兒。

光是一開始打廣告，這個策略就成功了。

天啊！BURBERRY本來就這麼時尚嗎？

接著，她邀請曾是Jil Sander首席設計師的Roberto Menichetti，來為BURBERRY效力。

BURBERRY的營收會下降，是因爲只製作男性爲主的外套。

現在需要能吸引年輕女性視線的商品。

沒錯，沒錯！做一些我們可以穿的衣服吧！

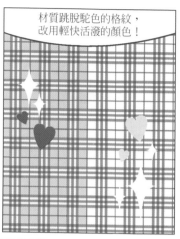

材質跳脫駝色的格紋，改用輕快活潑的顏色！

讓人看到不想再看的BURBERRY格紋配上新的顏色後，使消費者眼睛為之一亮。加上風格保守的BURBERRY推出意想不到的商品，產生新奇的魅力，獲得極大的迴響。

啊～BURBERRY比基尼～

BURBERRY的小狗衣服！怎麼這麼可愛又高貴？

天啊！是粉紅色的BURBERRY。太可愛了～

並在傳統的風衣上加入現代的元素。

稍微改變外套的輪廓，使其可以彰顯女性的身材曲線後，女性風衣的銷售額急速增加！

無聊

枯燥平淡

陰沉

縮小肩寬！

凸顯腰線～

鏘鏘

Christopher Bailey在2003年以最初使用在BURBERRY標誌的單字prorsum為主題，發表了最頂級的BURBERRY PRORSUM系列。他將創新且摩登的風格與傳統融合，讓BURBERRY蛻變成既高貴又年輕的形象，創下驚人的銷售額。

因Roberto Menichetti重新復活的BURBERRY，在2001年遇到Christopher Bailey後達到巔峰。

是BURBERRY現在的設計師。

此外，它任用演出電影哈利波特的艾瑪·華森當模特兒，展現新鮮又親民的感覺。

妙麗，
妳不穿斗篷，
怎麼穿那個？

我不當魔法師了！
我要當PRORSUM的模特兒！

經歷過風衣受到全世界歡迎的黃金時代，又一度跟不上流行的腳步而被鄙棄，但BURBERRY依舊越過這些難關，重新燃起托馬斯·博柏利的開拓精神，並在今日獲得年輕又時尚的稱讚。

BURBERRY
PRORSUM

2011 S/S

2010 F/W

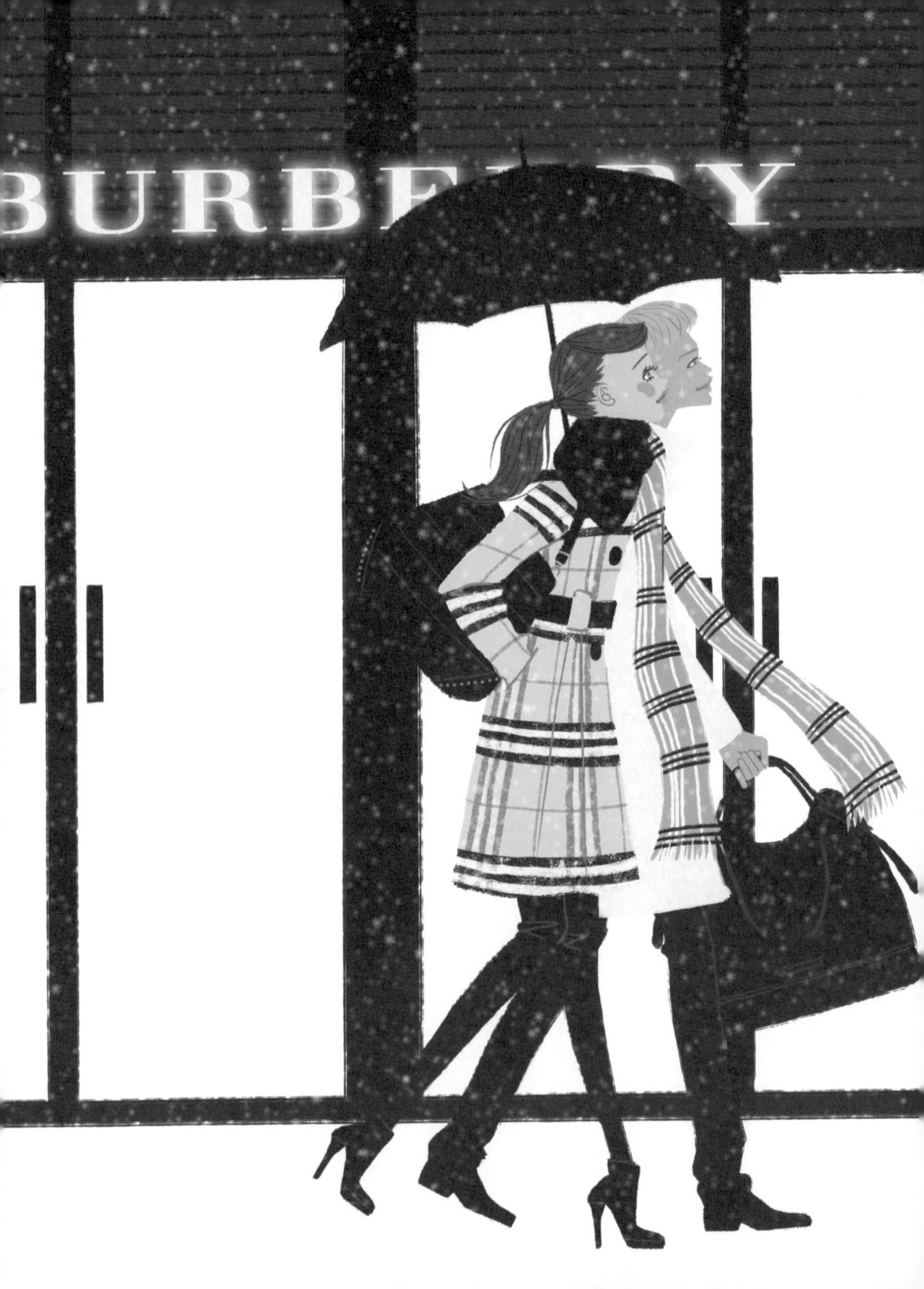

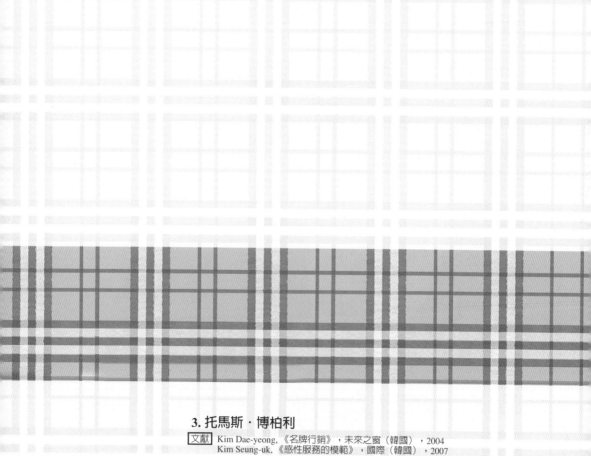

3. 托馬斯‧博柏利

文獻　Kim Dae-yeong,《名牌行銷》，未來之窗（韓國），2004
　　　Kim Seung-uk,《感性服務的模範》，國際（韓國），2007
　　　Lee Jae-jin,《時尚與名牌》，生活出版社（韓國），2006
　　　Jo Mi-ae,《這就是名牌》，紅柿（韓國），2009
　　　An Gi-man,〈世界人類的挑戰：服飾名流BURBERRY〉,《每日經濟》（韓國），1991
　　　Yun Su-yeon,〈創立150周年，淺談BURBERRY〉,《Noblesse》（韓國），2006
　　　〈150th anniversary: British Classic〉,《Marie Claire》（韓國），2006.10
　　　Yu Seon-tae,〈品牌故事：BURBERRY〉,《經濟日報》（韓國），2003

網站　burberry.com <Burberry Official Website>
　　　burberryplc.com
　　　guardian.co.uk <Guardian News and Media Official Website>
　　　fashionwindows.com <International fashion reporting website>
　　　uk.ykone.com <Ykone. Fashion News and Trend website>
　　　fashionchannel.co.kr〈時尚&流通分析情報誌 Fashion Channel Official Site〉

4

Guccio Gucci

古馳奧・古馳

1881～1953

價格低廉的甜味會在記憶中逐漸稀薄，
品質糟糕的苦味則會在記憶中久久不散。
—艾度・古馳—

貫徹義大利匠人精神的Gucci從馬具事業開始起步，以包包
和鞋子等經典皮革製品為中心，誕生無數具有代表性的產
品。奧黛麗・赫本、葛莉絲・凱莉、賈桂琳・甘迺迪等世紀
時尚名流都曾是Gucci的愛用者。Gucci不僅維持優良的品質
和傳統，對潮流的變化也很敏感，在舉世知名的設計師湯
姆・福特（Tom Ford）之後，目前由弗里達・賈尼尼
（Frida Giannini）擔任創意總監。

古馳家族住在義大利的佛羅倫斯。

這家族的兄弟感情特別不好，一天到晚都在吵架。

你這傢伙！你憑什麼把我買來的義大利麵吃掉！

上面有寫你的名字嗎？先吃先贏啊！

最後兄弟中的古馳奧‧古馳再也忍受不了，便離家出走。

哼，這什麼爛家庭！我要離開了！

我求之不得！出去啊！

1898年離開義大利的古馳奧‧古馳來到了英國倫敦，

我才不需要兄弟！我自己過得好就好！

開始在薩沃伊飯店（Savoy Hotel）當門房。

歡迎光臨。

飯店裡，上流階層的客人川流不息。

經常幫他們搬行李箱的古馳奧漸漸對皮革製品產生興趣。

從此他在工作的時候，眼睛只看得到客人的皮鞋、皮包和皮箱。

嘿嘿……好棒喔！

他怎麼了？

他不工作是在幹嘛？

長時間觀察貴族愛用的高級產品，他也自然地了解上流階層的喜好，並培養出高級的眼光。

那種包包好優雅！

對於皮革製品的想法不分晝夜地出現在他的腦海中。

嗯嗯

這是牛皮嗎⋯⋯

最後他下了一個大決定。

好！我要去學有關皮革的事！

他依依不捨地離開英國，回到義大利。

沒想到我會回到這個討厭的家⋯⋯

咦？你怎麼在這？

他一回來就進入皮革工藝企業，學習皮革的製作方式。

當時主要的交通工具是馬跟馬車，所以1906年他在佛羅倫斯開了一家小馬具店。

他製作騎馬專用的皮革產品並販售，俐落的手藝深受騎士和貴族的歡迎。

真是優秀！

後來，上流階層捨棄騎馬，開始流行騎腳踏車當運動。

天啊！你好落伍！現在流行騎腳踏車！

沒錯，我要跟著流行，別做馬具，來賣方便帶在身上的輕巧包包吧！

於是到了1921年，古馳奧·古馳在故鄉佛羅倫斯開了一家名為GUCCI的小型包包店。這就是GUCCI的開始。

多虧在薩沃伊飯店的工作經驗，接觸過無數上流階層客人的他，很清楚他們喜歡什麼樣的風格，

自然而然地做出適合貴族、高級又優雅的產品，深受歡迎。

妳是拿哪裡的包包？我是GUCCI的。

我當然也是GUCCI的。我也很懂潮流呢！

他的事業蒸蒸日上，1938年時裝店在羅馬擴大營業，一躍成為最新的購物地點。

然而這時候，GUCCI不過只是流行在義大利境內的品牌而已。

Bonjour～GUCCI是什麼啊？

我不知道。

GUCCI揚名世界是在二次世界大戰爆發的時候。

二次世界大戰真的是很多名牌的轉捩點。

物資缺乏，皮革也不像過去那麼容易取得，許多皮革製品店接連倒閉。

倒閉

GUCCI同樣也受到了影響。

皮革不夠用來做包包，沒有別的辦法嗎？

他在困境中仍不放棄。

等等，不需要堅持用皮革做包包吧？用其他材質就行了！

他打破包包只能用皮革製作的成見。

對了，竹子！
把竹子運用在包包上吧！

他用熱將直挺挺的竹子變彎，

做成包包的手柄。將竹子運用在包包的設計上，是前所未見的事情。

於是，1947年GUCCI經典款式之一的竹節包就此誕生。

竹節包甫推出，就成為全球的熱銷商品，使GUCCI瞬間躍升為世界級品牌。

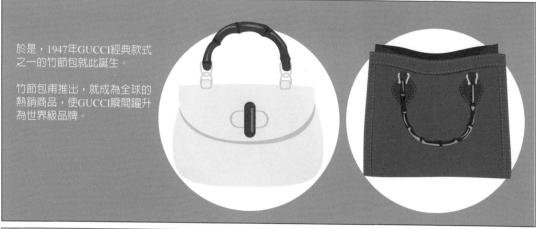

尤其深受葛莉絲‧凱莉、伊莉莎白‧泰勒等當代名流的喜愛。

至今，竹節素材也會配合潮流變化，套用在各式各樣的單品上，是GUCCI的重要元素。

皮帶上～

手錶上～

從皮革匱乏情況中誕生的不只這一個。

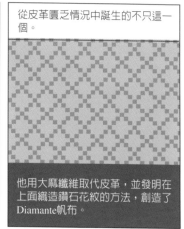

他用大麻纖維取代皮革，並發明在上面織造鑽石花紋的方法，創造了Diamante帆布。

另一方面，就像愛馬仕那樣，騎馬和馬車時代的馬具用品是提供設計師靈感的主要素材，

GUCCI也是如此。它從馬蹬上獲得靈感。

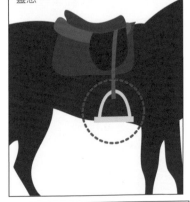

從馬具獲得靈感而誕生的元素，不只有馬銜鍊。

來把鞍繩變成厲害的東西吧！

那就是GUCCI另一個元素——馬銜鍊。馬銜鍊於1950年代首度使用在皮革包上，後來也運用在各種GUCCI產品上。

1953年，馬銜鍊成為男性皮鞋的裝飾，受到當時約翰·韋恩、克拉克·蓋博等明星的青睞，至今仍是最常出現在GUCCI經典樂福鞋上的裝飾。

那就是以紅綠線條組成的GRG條紋「Web」。

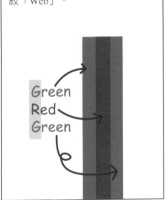

Green
Red
Green

是今日無人不知的GUCCI代表色。

集寵愛於一身的GUCCI在米蘭增設了一家賣場。

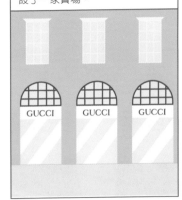

GUCCI　GUCCI　GUCCI

1953年，創造出許多GUCCI經典元素的古馳奧·古馳離開人間。

古馳奧過世後，GUCCI事業由他的家人接手管理。除了老婆愛妲以外，底下還有四個兒子。

Aida Calvelli　Vasco　Aldo　Ugo　Rodolfo

二兒子艾度在美國設立第一家店面，跨出GUCCI國際化的第一步。

哈囉，美國人！紐約終於有GUCCI了。

接著，香港跟東京的賣場也陸續開張，進入亞洲市場。

你們好！請香港人多多支持GUCCI。

此時，用來當作包包鎖頭的GUCCI標誌──GG也誕生了！

取自於古馳奧·古馳名字大寫的設計。

這個GG標誌後來也印製在帆布上，運用在各種GUCCI的產品上。

以全世界的電影明星為首，各界名人穿戴GUCCI的模樣映照在大眾眼裡，成為奢華的象徵。

尤其，甘迺迪總統的妻子賈桂琳很喜歡拿GUCCI新推出的肩背包，所以被稱為「賈姬包」，擁有很高的人氣。

賈姬包 1999年版本

賈姬包是因名人而受到矚目，但也有一開始就是專為名人設計的產品。

親愛的，你要買包包給我嗎？

摩納哥王妃葛莉絲‧凱莉與雷尼爾三世

嗯，選個你喜歡的吧。

1966年，他們去了米蘭分店，當時第四個兒子魯道福在那裡。

王妃，您來我們的店，是我們的榮幸！

天啊！這個竹節包好美！我要這個。

哇……她真是個女神。美得令人屏息。

我想送王妃一個禮物，請您隨便挑吧。

哎唷，真的嗎？

我想要花卉圖案的絲巾，你們有嗎？

啊，我們沒有耶……

啊，這樣嗎？沒關係。那我們先走囉～

ByeBye~

啊啊！為什麼我們偏偏沒有絲巾。

魯道福立刻聯絡畫家Vittorio Accornero。

現在馬上幫我設計一條世上最美的花卉絲巾。

隔天，Vittorio立刻拿許多花朵繽紛盛開的設計過來。

作品名稱是Flora。

從竹節包開始，到馬銜鍊、GG標誌、GRG配色和Flora，不斷推出熱門商品的GUCCI，經過1960年代和1970年代，達到最高的全盛期，並成為名牌的象徵。

這就是GUCCI另一個元素——Flora的起源。
Flora迅速獲得高度人氣，熱銷到歐洲女性的手上。還有人會傳承給女兒使用，可見其受歡迎的程度。

然而，兄弟爭吵或許是古馳家族的遺傳吧。如同GUCCI創始人古馳奧‧古馳兄弟一樣，他兒子之間的爭鬥也不容小覷。

他們的紛爭激烈到惡名遠播。

又不是義大利的黑手黨真是可怕

從小小的店面經營問題，

我明天不想工作。

我昨天跟今天都在工作，為什麼你都在玩？

到財產繼承和股票分配，每件事都能產生摩擦。

家族董事會議

GUCCI

艾度

魯道福

明明我的工作量比較大，為什麼你的持股跟我一樣？交出來！

有得拿就不錯了吧。

不能讓魯道福那傢伙掌管GUCCI！這家公司是我的！

二兒子艾度想辦法要取消老么魯道福的經營權。

今天去打高爾夫球吧♪

哼哼哼

他根本對事業毫不關心……

艾度為了趕走魯道福，擬定了祕密計畫。

香水的部分就交給你，你一定要好好賣。

艾度之子羅伯托

是的，父親！

艾度一把香水部分交給羅伯托，就傾盡全力地幫包含香水的配件系列宣傳。

GUCCI

如果配件系列賣得好，歸在那一類的香水也會賣得好，自然就能提升羅伯托對公司的貢獻度，魯道福的地位就會漸漸變弱了。呵呵呵～

如同艾度和羅伯托的預期，配件系列創下極高的銷售紀錄。

而且香水開始賣得比起其他商品更好，不過這也成了一個問題。

$

為了提高銷售率，濫發經銷權也使GUCCI的名聲逐漸下滑。

你想在化妝品店賣GUCCI的香水？好，沒有問題。祝你生意興隆～

OK!

加上GUCCI的仿冒品開始蠢蠢欲動！

尤其GUCCI過去推出的是精緻的產品，不是任何人都能買得到，但是香水是由跟品牌無關的工廠大量生產的，光是美國就有上千家店在販售，變成隨處可見的商品。

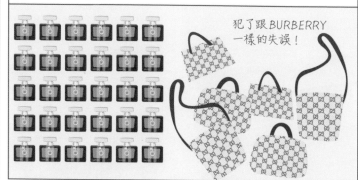

犯了跟BURBERRY一樣的失誤！

雪上加霜的是，艾度另一個兒子保羅闖了個禍。當時他是GUCCI的設計師，

好！來推出便宜的系列，提高銷售額吧！這樣我對公司也算有貢獻了吧?!

卻想出一個荒謬的計畫：在GUCCI的名下推出毫不相干的副牌。

GUCCI PLUS

名字就叫GUCCI PLUS！

保羅濫發經銷權，開始胡亂生產低價的GUCCI商品。

GUCCI PLUS

GUCCI PLUS

GUCCI PLUS

用低價購買GUCCI的機會！快點來買喔！

最後GUCCI的名聲跌到了谷底。

GUCCI PLUS

GUCCI PLUS？我們什麼時候做了那個？

從魯道福那邊奪回股份都來不及了，你居然做出那種爛東西?!

我也想要好好表現嘛……

你被開除了！馬上滾！不要再碰公司的事了！

啊，好歹我也是你兒子……

古馳家族的紛爭也跟別人不一樣。保羅決定要對父親展開復仇。

你以為我會乖乖地退出嗎？要死大家一起死。

我是來檢舉逃漏稅的。我爸賺了很多錢，卻只付一點稅金，你們不抓他嗎？

國稅局

因為保羅的爆料，導致艾度被抓去關。

兒子竟敢檢舉爸爸？

當時義大利的八卦雜誌每天都在報導古馳家族的殘酷鬥爭，他們如電影劇情般的內鬥，就像GUCCI的設計一樣喧騰整個世界。

八卦義大利

義大利日報

古馳內鬥！何時才會結束？

獨家 艾度古馳因兒子被關入監牢

古馳家族又出事了！

比鄉土劇還要精彩。真希望附個預告。

另一方面，被收押的艾度有羅伯托和保羅這兩個兒子，魯道福也有個叫毛利吉歐的兒子。

魯道福死前將自己持有的50％GUCCI股份傳承給毛利吉歐，於是毛利吉歐就成了GUCCI最大的經營者。

稍微說一下他以前的故事吧！他年輕時深愛著一個女人，是個浪漫主義者。

她這麼美，我能不著迷嗎？

看她使用白色洗衣機的樣子，有多清純啊……

但是家人卻反對他的愛情。

古馳家族的兒子怎麼能跟洗衣店的女兒結婚？你是不是瘋了？

我沒有派翠西亞不行！

不顧社會地位的差異和家人的反對，他們火熱的愛情最後修成正果！

我想要每天蓋你洗乾淨的白色棉被。

天啊，好害臊！

可是原本個性單純的派翠西亞一成為古馳家的媳婦，就沾染了上流階層的虛榮與奢華。

這件貂皮大衣好美～我要每個顏色都買～

行為越來越誇張

不知不覺她成為高級時尚界的名流，享受著義大利第五大貴婦的華麗生活。

這就是幸福的生活。

包含艾度的收押事件，古馳家已經聲名狼藉，結果夫妻之間又產生不睦。

拜託你管好公司！我快要沒錢買衣服跟鞋子了！

妳這個搞不清楚狀況的奢侈女！

毛利吉歐為了找回逐漸崩毀的家族財富，嘗試說服家人。

我們借用投資者的力量吧！

獲得家族同意後，他便把GUCCI 50%的股份賣給阿拉伯投資公司Investcorp。

50%

50%

然而，公司的情況並未如他預期的好轉，

喂，你這傢伙～我們相信你，把50%的股份交出去，結果這是怎樣？

甚至瀕臨破產邊緣，家人間的矛盾也到了最高點。

既然你是經營者，就要把公司救活啊！

我該做的都做了！

財務問題使派翠西亞和毛利吉歐的裂痕加深，最終以離婚收場。

我無法再忍受妳的奢侈，分手吧！

你說什麼？！

離婚對派翠西亞來說代表什麼呢？代表她不能繼續在時尚界當女王！代表她再也沒有提款機！

我以後要怎麼活下去？衣服跟珠寶是我的全部耶！

另一方面，被逼到懸崖的毛利吉歐拋出剩下的50%的股份。

50%

於是GUCCI的股份全給了投資者，變成古馳家族的人完全使不上力的諷刺情況。

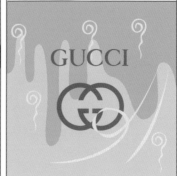

GUCCI

如此黯淡的生活不斷地持續著，到了1995年3月，毛利吉歐遭到怪人的槍擊，突然死亡。

到、到底是誰把我……

令人感到衝擊的是，那是他前妻派翠西亞委託殺手的。

竟敢讓我再度變窮？我不要騎腳踏車，我要搭勞斯萊斯!!

曾經站上奢華頂端的她，甚至到了被警察逮捕的那一瞬間，仍堅持要穿著貂皮大衣出去，要警察等她一下。

媒體應該會報導，我要穿得漂亮點

發生這麼多醜聞，使GUCCI摔到了谷底。可是現在GUCCI不是挺立在名牌之列嗎？這是怎麼回事？

GUCCI

路易·威登有貝爾納·阿爾諾，BURBERRY有布拉佛，那GUCCI的救世主是誰呢？他就是當過GUCCI美國支社長的多明尼科·德·索爾（Domenico de Sole）。

此外還有一個人！1994年被拔擢為GUCCI首席設計師的人！他就是名聞遐邇的湯姆·福特。

湯姆‧福特鎖定年輕族群,將GUCCI蛻變為高級又不失性感的撩人形象。

1996 F/W

1996 F/W

隨著多明尼科當上CEO,GUCCI也變成完全的股份公司。在優秀的企業家和天才設計師的合作下,原本陷入破產危機的GUCCI,華麗地重生為最頂級的品牌。

營收從5億美金衝到25億美金!

甚至在1998年被選為年度歐洲企業!

接著在1999年,GUCCI和經營百貨公司的PPR集團簽約,成為精品集團的附屬,而不再是獨立品牌。PPR集團是持有無數時尚品牌的大企業,和LVMH是全球精品業界的兩大龍頭,互相爭奪寶座。

PPR

GUCCI集團

Stella McCartney

Boucheron　Yves Saint Laurent

Bottega Veneta

Alexander Balenciaga

Sergio Rossi　McQueen

而在這種競爭關係中,精品企業的戰爭也爆發了。

可以叫做GUCCI之爭

PPR　　LVMH

GUCCI

他是我的!你閃邊去!

LVMH大哥好可怕⋯

欸,分我一點嘛～

這場戰爭源自於PRADA。PRADA先買進GUCCI的股份，後來交給了LVMH。

現在我們持有34%的股份，擁有GUCCI的日子也不遠了。嘿嘿嘿

還記得嗎？←他就是在路易‧威登篇出現的名牌獵人貝爾納‧阿爾諾

此時，隸屬PPR集團的多明尼科和湯姆‧福特為了守住GUCCI，使出全力在抵抗LVMH。

絕對不能進去路易‧威登的底下！

2001年，他們的努力讓LVMH放棄GUCCI，戰爭也就此結束。

好吧，好吧。GUCCI是你們的～

哼～

難纏的傢伙

然而，PPR集團卻從這時候開始跟他們鬧不和。

請認同我們保護GUCCI的功勞吧！

什麼？你們想要多少？

這個跟那個。啊，還有那個跟這個！

適可而止!!

他們的爭執持續了好幾個月，彼此都不肯讓步，找不出妥協點。

更多！！

呼……

VS PPR

更多！！更多！！

最後PPR無法再忍受他們兩人的要求，把他們趕出去。

2004年合約到期後，我們就散了吧。

蛤？

2004年湯姆‧福特推出自己設計的最後系列，許多時尚人士都為他離開GUCCI感到遺憾。

GUCCI

ByeBye

湯姆‧福特將崩毀的GUCCI拉回正軌，離開這個當寶貝疼的品牌也讓他的心裡很難受。

沒有GUCCI的未來只剩下悲傷。過去13年，我把這家公司當成我的生命。

不出所料，拯救GUCCI的搭檔消失後，GUCCI的股價開始直直往下掉。

經濟日報

GUCCI股價急速下跌！失去多明尼科和湯姆·福特的GUCCI只剩空殼了嗎？

PPR集團陷入一陣苦惱。

如果找不到能取代他們的人，GUCCI就完了！

得快點找到才行！

此時，GUCCI的新搭檔就是擔任CEO的馬克李（Mark Lee），及芙烈達·賈尼尼（Frida Giannini）。

原本負責GUCCI飾品線的芙烈達在30歲出頭就受到肯定，接在湯姆·福特之後，破天荒成為GUCCI的首席設計師。

世人原本懷疑芙烈達能否延續湯姆·福特的天賦，但芙烈達不僅確實地填補他的空缺，甚至以獨特的現代美感，每季都推出輕快又奢華的作品，使GUCCI的營收迅速提升40％以上。到了2006年，在雜誌《Business Week》的世界頂尖品牌排行46名，其美名流傳至今。

New Jackie Bag

New Bambo Bag

由芙烈達·賈尼尼設計的新竹節包和新賈姬包。她利用現代元素使GUCCI的經典包款獲得新生，為GUCCI寫下嶄新的歷史。

4. 古馳奧・古馳

[文献] Forden, Sara Gay, *The House of Gucci: A Sensational Story of Murder, Madness, Glamour, and Greed,* New York: William Morrow & Company, 2000

Paola Trimarco, *Gucci: Business in Fashion,* Pearson Education, 2001

James Laver, *Costume and Fashion: a concise history,* Thames&Hudson, 2002

[網站] gucci.com <Gucci Official Website>
businessweek.com <The 100 Top Brands: Gucci>

5

Salvatore Ferragamo
薩瓦托・菲拉格慕
1898～1960

數百人、數千人的腳經過我的手，與我對話。
短腳、長腳、纖細的腳、厚實的腳、傷痕累累的腳，
偶爾也有像溫莎公爵夫人或蘇珊・海沃德的腳一樣完美的腳。
腳會說出那個人的特徵。

電影「七年之癢」中，映襯出瑪麗蓮・夢露飄逸裙底下那雙
美腿的涼鞋，正是世界精品鞋的代名詞——Ferragamo。奧
黛麗・赫本、費雯麗、葛麗泰・嘉寶、蘇菲亞・羅蘭等無數
明星，皆為Ferragamo的狂熱粉絲。Ferragamo是至今仍固守
家族經營體系的少數名牌之一，依舊由工匠親手替每位顧客
打造專屬的鞋子。

1907年，義大利波尼托的某間教會舉辦了洗禮儀式。

喂，你看那個女生的鞋子。是木屐，木屐耶！

……

笑笑笑笑笑

今天要受洗，穿那是什麼衣服啊？哈哈

喂！我姊姊也有很漂亮的鞋子。

那她幹嘛穿木屐出門？騙子！

笑笑笑

壞傢伙。我要親手做一雙鞋給姊姊！

叔叔，這些剩下的皮革是要丟掉的嗎？可不可以給我？

皮鞋修繕店

喔？好啊！我不需要，你要就拿去吧。

這名男孩撿回皮鞋修理工不要的材料，為受人嘲笑的姊姊做鞋子。

等我一下。我會做一雙好鞋子給妳。

你哪會做鞋子？我沒關係。

這名年僅9歲的男孩不只是做出生平第一雙鞋，還做得很精緻。

這真的是你做的嗎？真不敢置信。太美了！

沒想到做鞋子這麼有趣。我長大以後要當製鞋的人！

這名男孩就是名牌手工鞋的先鋒，薩瓦托‧菲拉格慕。

他在1898年出生於貧農之家，在14個兄弟姊妹中排行11。

不知怎麼搞的，就生了這麼多……

他一滿11歲，就在拿坡里的某家鞋店工作，正式學習鞋子的製作方法。

一年多來，他認真工作並培養夢想；到了13歲的那年，他下了重大的決定。

我要開始做鞋子來賣！

年紀尚小的他沒錢開店，便在房子外的一角擺出自己做的鞋子，進行販售。

天啊！哪來的鞋子？

小朋友你好，這些鞋子是怎麼回事？

這是我做來賣的。

哈哈哈

什麼？小朋友有什麼本事做鞋子啊？

天啊！妳看看這雙鞋！怎麼這麼美！

真的好漂亮、好特別～真的是你做的嗎？

13歲小男孩的鞋店，因為不同於其他鞋店的設計，深受鎮上女性的歡迎。

另一方面，薩瓦托的四個哥哥當時移民到美國，在波士頓的製鞋工廠工作。

牛仔靴工廠

薩瓦托為了跟哥哥們一起生活，1914年搬到波士頓。

歡迎你來，薩瓦托。你也來我們工廠一起工作吧。

一起實現美國夢吧！

這裡是哥哥工作的工廠嗎？

對，你看那些機器！很厲害吧？

哇！瞬間就做出好多鞋子……

這就是美國的大量生產。不覺得超酷炫嗎？

然而，工廠的大量生產方式跟薩瓦托的理念正相反。

每個人的喜好都不一樣，腳型也不一樣，怎麼能肆意做出一樣的鞋子？

這樣不對。鞋子要有專為個人打造的匠人精神。那樣粗製濫造的東西不是真正的鞋子。

哥哥們，我們別這樣，來開屬於我們的店吧！

為什麼？在工廠工作也不壞啊。

不能都用機器運轉，我們要直接跟客人見面，親手為他們做出鞋子。

於是，他們在1920年離開美國東部，前往充滿陽光的西部——加州。當時，加州隨處都是電影公司和演員。

HOLLYWOOD

Studio B　　Studio C

菲拉格慕兄弟便在美國製片公司所在的聖塔芭芭拉市，開了一家小鞋店。

起先，他們從幫人修鞋開始做起。

鞋跟掉了，請幫我黏起來。

是！包在我身上。我會盡全力為您黏起來！

他們修鞋的手藝建立起口碑後，開始接受客人訂製。

菲拉格慕兄弟很會做鞋子。

聽說他們來自義大利？難怪很有匠人精神。

很快地，這個消息也傳到鄰近的電影公司裡。

這次電影要用的鞋子，要交給哪裡製作？

聽說菲拉格慕兄弟開的鞋店很不錯。

不知不覺間，很多電影公司都愛上了他們的鞋子。

請幫我們做西部電影要用的靴子。

這次電影的背景是埃及，所以幫我做涼鞋。

1923年，當電影產業中心遷到好萊塢，他們也跟著趨勢，把店面從加州搬到好萊塢。

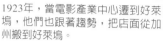

HOLLYWOOD

好萊塢鞋店

當時，薩瓦托經常到電影的拍攝地點拜訪。

導演，休息一下吧。我的腳痛死了。

這樣嗎？

在鏡頭前面站太久，腳都腫起來了。

!!!

為什麼大家穿我做的鞋，腳都會痛呢？

啊，腳好痛。

吼

於是，他開始仔細地調查客人的腳型。

我是平底足～

我的腳趾甲是彎的。

嘿嘿，我有香港腳…

我有長繭……

最後他發現了一個驚人的事實。

怎麼會！只有1%的客人擁有健康的腳？！

99%的腳完全不正常

我決定要幫每位客人製作鞋子，卻沒想到她們的腳會有多不舒服。

衝 擊

不行！我要從頭開始學習。做出赤腳走在毛毯上般舒服的鞋子！

於是，他白天在店裡工作：

晚上則去UCLA的夜間部上解剖學課程，過著晝耕夜讀的生活。

上課期間，他不斷提出關於腳的問題。

教授，腳有幾根骨頭？

又開始了。

教授，那腳是根據什麼原理，為什麼會累？

你為什麼老是只問腳的事？

我是做鞋子的！所以我想知道有關腳的一切！

這位同學，這裡是大學的教室。是動腦袋的地方，不是關心腳的地方。你害我們課都上不下去了！

呵呵呵呵

在許多美國學生之中，唯獨自己是義大利人的薩瓦托總是被嘲笑。

他走路都會盯著腳看。

天啊！搞什麼？好像變態。

不過他毫不放棄對腳的研究，

找出腳的祕密吧！

終於讓他發現腳和鞋子的祕密了。

沒錯！就是這個！我終於知道了！

人體的重心是在從頭頂垂直到腳的中心點！

也就是說，直立時，腳底拱形凹陷的地方乘載著所有的體重！

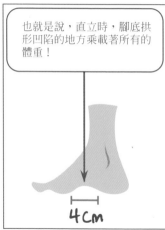

4cm

不過，因為這個部分是空的，導致很難支撐體重，走路就會產生衝擊，使腳疼痛。

因此要把這部分填補起來，撐起體重，分散力量。

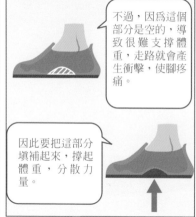

在這裡放堅硬的鐵塊吧！讓它支撐腳的中心。

他將自己發現的理論運用在製鞋後，他做的鞋子好穿到嚇人。

感覺漫步在雲端～

太舒服了～

將解剖學套用在鞋子設計，薩瓦托‧菲拉格慕是第一人，這也是他在製鞋史上最大的貢獻。今日所有的鞋子都是按照薩瓦托發現的原理製造的。

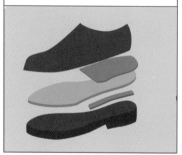

如此優秀的舒適感和獨特的設計，引起無數演員的注意。他在製鞋的某一天，美國爆發了大恐慌。

因股價下跌和史上最大的經濟不景氣，所以這樣那樣

美國市場狀況不佳，現在回去家鄉應該比較好。

1927年，薩瓦托回到家鄉義大利，並在佛羅倫斯用他的名字開了第一家店。這就是Salvatore Ferragamo品牌的開端。

回到義大利後，他設計了顏色多元、造型革新的鞋子，展現出其他鞋子設計師無法望其項背的才華。

1929

1930

1930

1935年，因侵略衣索比亞和二次世界大戰，導致各種能源和原料緊缺，

馬克鞋店　　保羅鞋店

因爲沒有皮革，今年都不用做生意了。

暫時得關門了。

先前介紹的名牌們，都靠特有的獨創性戰勝了困境。

HERMÈS　GUCCI

名牌是浪得虛名嗎？我們都是從戰火中誕生的！

Ferragamo亦是如此。

有什麼東西能取代皮革呢？

喔？軟木塞？

對了，來用軟木吧！因爲它軟軟的，穿起來應該很舒服！

用軟木製成的楔形鞋！這就是薩瓦托最有名的發明。
他取得軟木楔形鞋的專利，
是鞋子製作史上首度發生的事。

除了軟木以外，薩瓦托也大膽地使用了其他設計師無法想像的特殊材料，做出劃時代的鞋子。

材料無窮無盡　　　爲鞋子犧牲奉獻

蕾絲　　玻璃　　　　　　魚鱗

玻璃紙　　塑膠

如此出衆的發想，使美國版VOGUE首度刊登關於Ferragamo的報導。

VOGUE

天才鞋子發明家！

菲拉格慕，他是誰？

薩瓦托替許多明星設計鞋子，獲得了「明星御用製鞋師」的稱號。隨著薩瓦托的名聲水漲船高，世界巨星們甚至為了買他的鞋，親自前往義大利。

為卡門‧米蘭達（巴西的森巴歌手）而生的高跟涼鞋。

為茱蒂‧嘉蘭（因「綠野仙蹤」紅遍全球的美國電影明星及音樂劇演員）設計的楔形涼鞋。

1938年，他買下佛羅倫斯歷史最悠久的費羅尼－斯皮尼大宅，作為Ferragamo的工作室兼店鋪；現今為Ferragamo的總店和鞋子博物館。

1947年，他又創作出一個驚人的作品。

薩瓦托，我們今天去附近釣魚吧。

好啊。

喔？釣魚線？

這個透明又晶亮，如果善加利用，或許能成為不錯的材料……

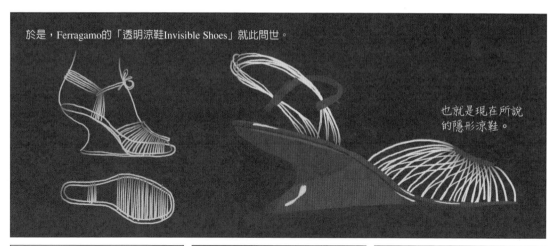

於是，Ferragamo的「透明涼鞋Invisible Shoes」就此問世。

也就是現在所說的隱形涼鞋。

腳背上看起來透明無物的這雙涼鞋，在當時是非常大膽、創新的設計。

天啊！這長相怪異的東西是什麼？皮膚都露出來了，好難看。

價格也驚為天人，所以賣得不好。

然而，它與眾不同的獨創性仍受到全球認同。

沒想到釣魚線能運用在鞋子上！

並榮獲時尚界奧斯卡獎的Neiman Marcus Award，是世界首位獲得此殊榮的鞋子設計師。

今年的得獎者是菲拉格慕！

另一方面，二次世界大戰結束的同時，大眾消費增加，Ferragamo的人氣持續高漲，開始在紐約等世界主要都市設立店面。

Salvatore Ferragamo

到了1950年，員工人數成長到700名，一天要製作350雙的鞋子。

每雙都是工匠親手縫製！

此時，產業革命爆發，美國經濟急速成長。

有經濟能力的美國富豪熱愛購買名牌，Ferragamo的營收自然也大幅增加。

Salvatore Ferragamo

如果是有點錢的人，都要穿Ferragamo的鞋啊～

特別的是，喜愛Ferragamo的知名女演員中，有一位是奧黛麗‧赫本。

我的身材這麼瘦小，腳怎麼這麼大？

大腳丫

因為腳太大，總是找不到合腳又好看的鞋！

此時，出現在她面前的救世主正是薩瓦托。

像這種窄版的高跟鞋不適合赫本小姐穿。

哦！我都不知道。

他為奧黛麗‧赫本設計的鞋子就是低跟的平底鞋。

1953年

我生平第一次穿到這麼舒服，又這麼適合我的鞋子～

我這輩子！絕對不穿Ferragamo以外的鞋。

Salvatore Ferragamo

她在電影「羅馬假期」、「龍鳳配」、「甜姊兒」中經常穿平底鞋亮相。

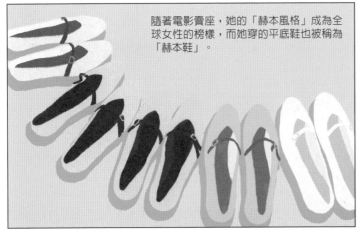

隨著電影賣座，她的「赫本風格」成為全球女性的榜樣，而她穿的平底鞋也被稱為「赫本鞋」。

Ferragamo備受好評的不只有平底鞋。

如果把鞋跟變細一點、高一點，看起來應該會很性感，問題是這樣不夠穩固，無法支撐體重……

他快馬加鞭地研究能支撐體重的特殊鞋跟，1955年他使用特殊金屬針，發明出又高又細、足以輕鬆支撐女性身體的細高跟鞋（stiletto heel）。

1959年，電影「熱情如火」的夢露鞋。

瑪麗蓮·夢露經常在電影中穿細高跟鞋，為它打開知名度。電影「七年之癢」的經典畫面中，夢露穿的高跟涼鞋也是Ferragamo的。

Ferragamo不僅推出鞋子，也開始製作包包。第一款做出來的是可以收納鞋子和工具的包包。

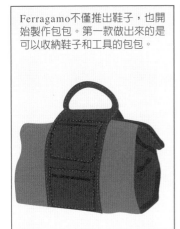

後來包包系統不斷推陳出新，1958年設計出包包的鎖頭裝置，成為Ferragamo的標誌，那就是「Gancino」。

Gancino在義大利語是「扣環」的意思。

「加入扣環設計的Ferragamo商品」

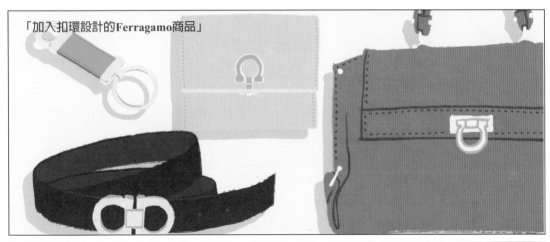

留下這麼多作品和設計的薩瓦托・菲拉格慕，在1962年以62歲的年紀辭世。後來，他的妻子汪達・菲拉格慕和女兒們繼承了他的事業。

Wanda Ferragamo

Fiamma

Giovanna

Fulvia

Ferruccio

Massimo

Leonardo

其中，長女菲馬・菲拉格慕從16歲開始接受Ferragamo的經營教育，可說是青出於藍！

她正式參與事業，發揮與父親相當的才能，讓Ferragamo獲得Neiman Marcus Award的20年後再度得獎，驚艷世人。

1967年得獎的是……菲馬・菲拉格慕！

如同父親留下Ferragamo的象徵——Gancino，1978年她也創造出另一個時尚界的傳說符號，那就是今日Ferragamo鞋的象徵——Vara。

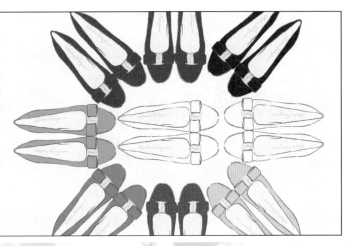

這種配上蝴蝶結形狀Vara裝飾的鞋子一推出，便成為Ferragamo的人氣商品。

無論是正式或休閒，該經典設計適合各種場合，所以不僅是中年婦女，也受到年輕女性的熱愛，至今仍維持穩定的銷售量。

此外，就像以前在美國專為電影製作鞋款一樣，現在Ferragamo也持續在幫電影裡的主角設計鞋子。

1996年，電影「阿根廷別為我哭泣」的瑪丹娜鞋。

1998年，電影「灰姑娘，很久很久以前」專為茱兒‧芭莉摩設計的21世紀玻璃鞋。

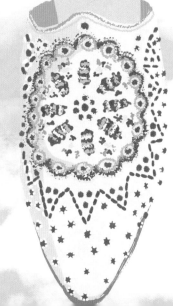

2009年，電影「澳大利亞」的妮可基嫚鞋。

1936

1938

1939

1947

1950

194

1951

1955

1966

88年來，Ferragamo維持義大利的匠人精神，至今鞋子的生產過程大部分仍以手工進行。

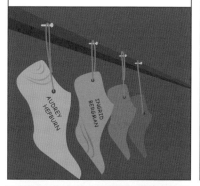

由手藝精湛的義大利鞋匠做出鞋子，只有最後的收尾是用機器縫製。

這部分讓機器來做比人工更精準。

此外，為了給顧客一雙完美的鞋，Ferragamo推出名為「Tramezza」的男性手工鞋系列。

這項服務會根據顧客腳的長、寬、高，以及指定的材料、顏色、設計，製作出世上獨一無二的鞋子。

在許多名牌放棄家族營運，轉換為大企業管理方式的現代，Ferragamo目前由第3代接手，是少數仍保留家族經營體系的企業。

LVMH

PPR

菲拉格慕之家

如今，Ferragamo已在全球主要都市設立1200多家店面，躋身名牌之列，卻仍堅守絕不委外的義大利製原則。

比起銷售量，維持形象和品質為最優先。

Salvatore Ferragamo

這都是為了守護創始人薩瓦托·菲拉格慕把品質視為第一的信念和傳統。

即使設計會被模仿，
但那種舒適感無法倣效。

—薩瓦托·菲拉格慕—

5. 薩瓦托‧菲拉格慕

文獻　薩瓦托‧菲拉格慕，《懷有夢想的鞋匠》，woongjin（韓國），2004
Kang Seung-min,〈Ferragamo鞋履100年歷史〉，《中央日報》（韓國），2007.6.27
Park Hyeon-yeong,〈Ferruccio會長，向創業者父親學習的名牌經營〉，《中央日報》
（韓國），2011.1.8

網站　ferragamo.com <Salvatore Ferragamo Official Website>
museumsinflorence.com <The Museums of Florence Official Website>
designboom.com <Industrial Design Website>

6

Gabrielle Chanel
嘉布麗葉兒・香奈兒
1883～1971

我無法理解，一個女人怎麼能不打扮一下就出門。
說不定那天是遇到命中注定的緣分的日子。

高級品牌的象徵，女性的夢幻逸品──香奈兒。創立者嘉布
麗葉兒・香奈兒可說是史上最有名的時尚設計師，她在時尚
史和現代女性史留下的貢獻和價值十分可觀，甚至有人說時
尚歷史是以香奈兒為分水嶺。從永遠的熱銷商品斜紋軟呢套
裝（Tweed Suit），到菱格紋包（Quilting Bag）、香奈兒
No5香水，她所創造的無數經典讓香奈兒誕生至今100年，
仍是不敗的世紀風格。

嘉布麗葉兒‧香奈兒出生於法國索米爾，在貧困的環境下度過幼年。

我是香奈兒。

香奈兒12歲時，母親因病過世。

無法獨自扶養孩子們的父親，將香奈兒和年幼的妹妹託付給修女院經營的孤兒院。

我很快就會來帶你們回去，要乖乖聽修女的話等我。

好，爸爸。

姊姊，爸爸什麼時候來？

再忍一下，很快就會來了。

但是爸爸一去不回。香奈兒在修女的教育下長大，縫紉也是在這裡學會的。

結果某天，香奈兒的妹妹也因病死亡。香奈兒的童年就是如此孤獨、不幸。

因此，在長大成人後，她也不願回想自己的童年時期。

嘉布麗葉兒，妳媽媽跟妳一樣漂亮嗎？我好想見見她～

她向大家隱瞞自己的過去，偶爾還會說謊。

當然囉～不過我爸媽經常去國外旅行，所以很難見到他們。

18歲那年，香奈兒在一家叫聖瑪莉的裁縫鋪當裁縫師助手。

不過只靠那份工作無法應付生計，所以晚上她還會到薇姿或穆蘭的夜總會唱歌賺錢。

當時，由於香奈兒愛唱的歌叫「cocorico」，所以客人都叫她「Coco（可可）」。

漂亮的可可，來這裡喝一杯嘛！我請客！

我的名字叫嘉布麗葉兒。

唉唷～可可比較可愛，比較好聽嘛～

雖然可可‧香奈兒較廣為人知，但她很討厭這個名字。

那是妓女用的暱稱！我叫嘉布麗葉兒！

在夜總會工作，只要有人氣就好，幹嘛計較那麼多？

你說什麼?!

香奈兒認為自己跟沒有明確生活目標的女人不同，充滿對成功的野心。

怒氣沖沖

我一定要成功！我要賺很多錢，脫離這個令人厭倦的底層生活。

彷彿一折就斷的纖細身材配上執拗的黑眼珠，嫩白的肌膚加上魅惑的長髮，使她渾身散發不同於其他女人的魅力，許多到夜總會的有錢男性都對她一見鍾情。

我愛妳，香奈兒～

某天，為她的人生帶來第一個轉捩點的男性出現了。那就是艾亭奈·巴尚。

可可，下禮拜要不要去我在巴黎近郊的牧場玩？

高傲

高傲

我沒興趣。

妳不要在這種地方工作，來我的農場一起生活吧。我會帶你去參加社交派對。

豎起耳朵！

哦？

當時她正好工作不順利，生活陷入困境。

好，與其過得這麼像乞丐，乾脆跟巴尚在一起比較好。

香奈兒接受巴尚努力不懈的追求，在25歲成為他的情婦。

喔耶～

OK!

如果你那麼希望的話……我就跟你去吧。

巴尚的農場經常聚集多金又無事可做的紈袴子弟和他們的情婦、高級妓女，舉辦各種社交派對。香奈兒初次踏入貴族的派對，打開前往上流社會的第一道門。

香奈兒妳長得很美，卻很土。不要讓我丟臉，穿我買給妳的洋裝去吧。

可是太華麗、太暴露了。

香奈兒不滿意當時流行的洋裝風格，每次需要衣服時，就會拿出巴尚的騎馬裝改良成女性服飾。

香奈兒，妳在做什麼?!那件衣服很貴耶！

鏘～我要穿這件衣服去派對。

當時，時尚是為上流階層打造的領域。貴婦穿的風格就是時尚潮流，很多妓女和情婦都會模仿她們的穿著，希望看起來跟她們一樣。

哇～那位夫人買了最近出的新洋裝耶！我們也去買一件一樣的吧！

我們也會看起來那麼優雅吧？

我們也會看起來那麼優雅吧？

我跟其他情婦不同。我一定要成功給大家看，讓那些有錢人稱讚我。

原本對上流社會一無所知的香奈兒，跟巴尚去參加社交派對，與貴族相處，學習騎馬和遊戲，慢慢地學習他們的文化。

香奈兒的時尚感初次受到眾人矚目，是從她為自己做了一頂帽子開始。

天啊，香奈兒！那頂帽子在哪買的？太美了～

嗯？這個？這是我做的。

真的嗎？也幫我做一頂一樣的。

我也要！

我也要，我也要～

我的也拜託妳。

就這樣，大家不斷地跟香奈兒要帽子，不知不覺在貴婦間大受好評。

妳好有才華～妳乾脆拜託巴尚，叫他幫妳開間店吧！

對啊。做帽子來賣吧。這樣就能用自己的能力賺錢了～

巴尚，我想開一家帽子店。你可以幫我嗎？

什麼？幹嘛開店自找麻煩？

我很會做帽子。一定會大賣的！

女人幹嘛做那種事？用我給妳的錢，待在家裡享受就好啦！

你不懂我的心。我想要工作！我想要成功！

唉唷，好啦，好啦！我會把公寓空出一個地方給妳，就先試試看吧。

於是，1908年香奈兒在巴尚的公寓一樓開始販售帽子。

她以帽子設計師的身分闖出名號，某天香奈兒遇到帶來人生第二個轉捩點的男人。

香奈兒，妳過來一下。我介紹個朋友給妳認識。

這是我的朋友卡柏。

妳好，美麗的小姐～

卡柏是來自英國的成功企業家，也是不靠父母幫助、白手起家的人物。

而且還比巴尚有錢！

122

卡柏,香奈兒一直吵著要工作。明明只要輕鬆過日子,真不懂她幹嘛自討苦吃。

……

我能理解妳的心。抱著一股熱情,達成某件事情,真的是很美妙的事。

天啊‥‥

卡柏跟巴尚不同,他認真看待香奈兒的心願。

如果妳需要什麼,請隨時告訴我。我會幫妳。

嗯?你幹嘛幫她?

在命運的捉弄下,香奈兒對巴尚的朋友卡柏產生情愫⋯⋯

好,我再跟你聯絡。

嗯??

卡柏同樣也對她帶有特別的感情。

很晚了。我們回家吧!卡柏,再見。

最後香奈兒離開自己的第一個男人巴尚,只留下一封信給他。

我跟卡柏一起走了。請原諒我。—香奈兒—

什麼?!

離開巴尚的香奈兒在卡柏的援助下,於1910年在巴黎康朋街21號開了「CHANEL MODE」,首度以設計師的身分站上巴黎的舞台。香奈兒曾經是備受歡迎的帽子設計師,所以CHANEL MODE一開始也是販售帽子的店鋪。

CHANEL MODE

當時流行的帽子大量使用花卉、蕾絲、珍珠等裝飾,造型相當華麗。

但是香奈兒販售的帽子只添加些許的裝飾，十分簡樸，如此獨特的帽子迅速在女性之間獲得好評。
而當時法國的知名女演員是香奈兒帽子的狂熱粉絲，香奈兒的知名度也逐漸打開。

CHANEL MODE的成功，讓她的店鋪接連於1913年在多維爾、1915年在比亞里茲開張，不過這還只是開始。

香奈兒，幫我做套衣服吧。如果是妳做的，應該都很美。

當時巴黎時尚的領航者是保羅·波耶特。

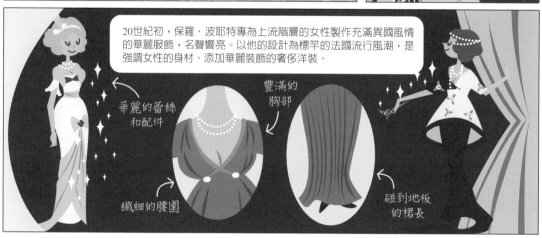

20世紀初，保羅·波耶特專為上流階層的女性製作充滿異國風情的華麗服飾，名聲響亮。以他的設計為標竿的法國流行風潮，是強調女性的身材、添加華麗裝飾的奢侈洋裝。

豐滿的胸部

華麗的蕾絲和配件

纖細的腰圍

碰到地板的裙長

即使還要穿上縮緊腰部的束腹，行動相當不便，但是那股華麗感和高級感，依然讓洋裝大受歡迎。

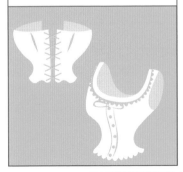

尤其他都用昂貴的頂級材料製作洋裝，而為了做出奢華的長洋裝，不得不用很多材料，價格當然也很驚人。

不過卻有個人厭惡他的風格，那就是香奈兒。

真膚淺。那些長到拖地的衣服是什麼啊？那種誇張的衣服怎麼能叫做優雅？

她認為保羅·波耶特的衣服，是有錢人的虛張聲勢。

這件衣服超貴的～

我滿有錢的～

忍受不便，穿上華麗的洋裝就叫奢華的價值觀，讓她特別不解。

Luxury must be comfortable, otherwise it is not luxury.
-Coco Chanel-

我要為中產階級製作實用、活動方便的洋裝。我要讓大家嚇一跳。

這時候她使用的素材，是當時只會用來製作男性運動服或內衣的便宜平織布料（jersey）。

裙子的長度也跟保羅·波耶特相反，大幅縮短。

縮短到膝蓋長度，才會比較方便走路吧？

另外，壓迫女性身體的束腹，也被她果斷地捨棄。

綁成那樣的話，吃飯還能好好消化嗎?!

由此誕生的平織布洋裝，本身就是令人驚豔的作品。

這件單純的洋裝在當時掀起革命的理由是？
第一 未曾使用在女性服裝的便宜平織布料。
第二 使女性能自由活動。將裙長改為及膝。
第三 脫離束腹，不會壓迫身體的寬鬆洋裝。
這些都是香奈兒首創的。

我們現在視為理所當然的風格，在當時可是高級時裝界的一大革新。

名詞解釋

高級時裝Haute Couture
這是指從歐洲開始流行的高級訂製服。使用高級素材，專為個人打造的手工衣服，所以價格相當昂貴。以前法國就是因為高級時裝，而成為時尚界的神。

成衣Prêt-à-Porter
英文稱為Ready to Wear，指的是成衣。為想要品質好的衣服，卻買不起高級時裝的人而製造。由於不是訂製服，價格相對便宜很多。

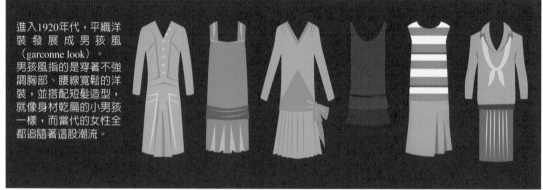

進入1920年代，平織洋裝發展成男孩風（garconne look）。
男孩風指的是穿著不強調胸部、腰線寬鬆的洋裝，並搭配短髮造型，就像身材乾扁的小男孩一樣，而當代的女性全都追隨著這股潮流。

香奈兒創造出這種穿著輕便的洋裝，對女性來說，代表脫離過去壓抑自我的習慣。這跟當時代興起的女權運動不謀而合，受到女性的熱烈迴響，占領1910年代、1920年的洋裝市場。

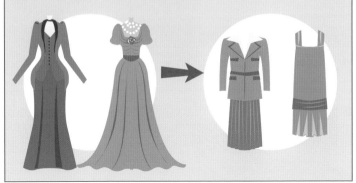

另一方面，香奈兒的戀愛故事發展如何呢？1914年一次世界大戰爆發，卡柏返回英國。

戰爭結束後，我就會回來。我的寶貝。

我等你。

然而，戰爭結束後，他為了進入政治界，與英國貴族的女兒結婚。

我很抱歉但我愛妳

不行！

但他們在卡柏結婚後，依然維持著關係。

我沒有妳活不下去。

對你們來說是感人的羅曼史！對別人來說卻是不倫！

最後卡柏離婚，重新回到香奈兒的身邊，兩人的愛情看似會走到永遠。

哈 哈 哈 哈 哈 哈 呵 呵 呵 呵 呵

不過兩人的愛情終究無法開花結果。

香奈兒老師，卡柏先生他⋯⋯

怎樣？出了什麼事？

1919年，卡柏出車禍死亡。

不可以！卡柏啊啊啊啊！！

香奈兒～

失去卡柏，我等於失去了一切。不管時間再怎麼流逝，留下的只是無法填補的空虛感，而我的卡柏則離開了我。
—香奈兒—

她為了忘掉卡柏，刻意埋首工作。終於在1921年成為大家公認的couturier（製作高級時裝的工作室或設計師），並在康朋街31號成立香奈兒高級時裝店。

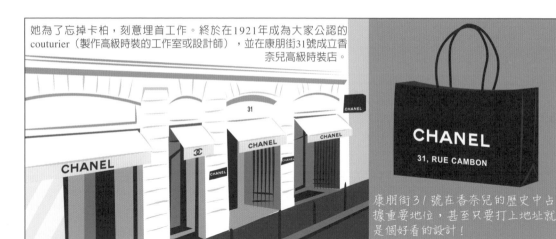

康朋街31號在香奈兒的歷史中占據重要地位，甚至只要打上地址就是個好看的設計！

後來，香奈兒認識了一位香水創作師。

我想要送顧客香水，你可以幫我嗎？

當時，調香師愛爾尼斯特‧波爾的香水公司正在製作名為「Rallet No.1」的香水。

他把這香水的10個樣品拿給香奈兒試聞，要她挑出一個滿意的。

吸吸

OK，我要5號！

賀中獎！

5

1 2 3 4

6 7 8 9 10

5

香水名字要叫什麼呢？

既然是5號，就叫No.5吧。

嗯？會不會太隨便了？

不會！我的作品常常都在5天完成。數字5似乎是我的幸運數字。

LUCKY 5!

由此誕生的香奈兒No.5，只在聖誕節時贈送給香奈兒的VIP顧客。

聖誕節快樂～

CHANEL

不過驚人的是，No.5的人氣大爆發。

香奈兒，上次妳送的香水可以用買的嗎？

對啊，我好喜歡那個！

想要香水的客人越來越多，於是香奈兒在1921年正式推出香奈兒No.5。

另一方面，美國出現黑色的福特汽車，進入大量生產的時候。這個全球性議題也為香奈兒帶來靈感。

沒錯，簡單又好看的黑色洋裝！

在當時，黑色是用來哀悼死亡的顏色，只有參加喪禮時才會穿。

嗚嗚

香奈兒卻反其道而行，於是全黑的洋裝首度問世。

我要讓大家知道，黑色也能做出別緻的晚禮服。

這就是在1926年誕生的「Little Black Dress」。

Little Black Dress

← 也簡稱為LBD！

在那個平常不穿黑色的時代，對法國人來說是個不小的衝擊。

我的天啊！全是黑的！好不吉利。

好像陰間使者！

不過，大家很快就迷上這種簡潔又高尚的黑色洋裝，受歡迎到一度被稱為巴黎的制服。

優雅

簡潔

香水和服飾接連大獲好評，使
1920年代變成香奈兒的年代。

相反地，曾是競爭對手的保羅‧
波耶特卻失去了聲望。

可想而知，他對此很不服氣。

唔～香奈兒
小姐，好久不
見了。

高傲

臭屁

哦，保羅‧波耶特
先生，你好嗎？

妳居然從頭到腳都穿黑
色啊？

挑釁

對啊，呵呵

挑釁

有誰死掉了嗎？妳
要去參加喪禮嗎？
是誰的喪禮？

還會是誰的呢？
當然是去你的喪禮
啊！

妳說什麼？
妳這個惡毒的
老太婆！

Bye Bye~

然後很快地，香奈兒又推出其他經典的商品。那就是把香奈兒風格推向巔峰的香奈兒套裝。
無領的針織外套配上長度及膝的裙子，呈現出簡單、優雅的極致。
仿男性外套一字線條的寬鬆設計，不僅方便活動，也相當實穿。

再配上香奈兒特有的人造珍珠項
鍊、小帽子，就是完美的香奈兒
風格。在1920年代、1930年代，
法國街上充斥著這種簡單又優雅
的香奈兒風格。

另一方面，享譽全球的香奈兒在巴尚、卡柏之後，也跟很多人交往。

俄國的德米特里‧
巴甫洛維奇大公

其中也談過幾段不倫戀。

法國詩人
皮埃勒‧維迪

俄國作曲家
伊果‧史特拉汶斯基

Chanel's
Love Affair

其中，跟香奈兒交往最久的男性是
西敏公爵。

*Hugh Grosvenor,
the 2nd Duke of Westminster*

在蒙地卡羅的一場派對初次相遇
後，兩人便一起過著電影般的奢
華生活。

他們定居在蘇格蘭，分享濃情密
意，搭遊輪旅行。

他們的交往越來越深入，某天，

嘉布麗葉兒，
妳願意嫁給我嗎？

請成為西敏公爵
夫人，跟我一起
共度餘生吧。

西敏公爵夫
人？不，我
不想變成那
樣。

你有很多個西敏公爵夫人，
但香奈兒就只有我一個。

而且她也知道，要是成為公爵夫人，
就再也不能工作了。

對我來說，工作
是第一順位。

FASHION

神知道我渴望愛情。但
是在那一瞬間，我必須
在我愛的男人和衣服之
間做出抉擇。而我選了
後者。

工作對我來說，像是無法
戒掉的毒藥。雖然我偶爾
會好奇，如果在我的人生
中沒有男人的話，香奈兒
會變成什麼樣。
　　—嘉布麗葉兒‧香奈兒—

不可否認的是，她的那些男人對香奈兒的設計有很大的影響。

跟巴尚在一起時，她發現了自己的才華，打開進入上流社會的門扉。

卡柏幫她開了CHANEL MODE，慷慨地援助她。

俄國的巴甫洛維奇大公為她引介調香師愛爾尼斯特·波爾。

認識英國的西敏公爵後，她將英國式的合金運用在設計上。

跟他搭乘遊輪旅行時獲得啓發，以斜紋軟呢爲材質的經典外套就此誕生。

對她來說，若沒有這些愛人，或許今日的香奈兒就會走向其他風格。不，香奈兒這個品牌會不會誕生也讓人懷疑。

1930年代，香奈兒在全球都有店面，員工也成長到4千人左右。

接著，成為所有品牌轉捩點的時期——二次世界大戰爆發。

世界經濟惡化，也對香奈兒的事業造成影響。最後，香奈兒在1939年結束事業，決定暫時退出時尚界。

当時，德軍占領法國。換句話說，德國是法國的敵人。

此時香奈兒又陷入一段感情，比起之前交往過的任何男人，那是個最可怕、最糟糕的選擇。

那就是與德軍的納粹軍官范丁克拉格交往！

當時香奈兒已到了57歲，而軍官比她小10歲。

我年紀很大，你還是愛我嗎？

我只鍾情於妳

最近姊弟戀是趨勢嘛～

即使身在德國，仍是法國人的香奈兒是敵國的人民，那有什麼關係？問題出在她是德國軍官的女朋友！

對香奈兒要特別照顧。

是的，長官！

她和范丁克拉格一起住在麗池飯店，在戰爭期間依舊能過著舒適、安全的生活。

最後戰爭終於結束，法國自德國的手中解放。

而法國開始逮捕幫助德國的賣國賊。

把背叛法國的人全找出來！

是！

香奈兒也不能例外。

妳跟那個納粹男人談戀愛啊！「那個男人是我的男人」，妳怎麼說不出口！

不過，香奈兒幸運地逃過一劫，無罪釋放。有傳聞說，那是她的朋友溫斯頓·邱吉爾暗中幫忙。

走吧！沒想到妳的人緣這麼好。

雖然香奈兒被判無罪，不過知道真相的法國人卻不肯原諒她。

賣國賊

香奈兒！

把靈魂賣給納粹的賣國賊！

無罪

滾！妳這個賣國老太婆！

妳竟敢背叛國家！

我是無罪耶…

戰爭前她所擁有的人氣和名聲，在戰爭後全變成了惡評。

我身為設計師的人生完蛋了。我再也不能待在這裡了。

她為了躲避譴責的視線，逃往瑞士。

Good Bye Paris…

之後，她輾轉住在瑞士的各家飯店。

對工作狂的她來說，這種無聊的日子帶來極大的倦怠感。傳聞她受不了，便施打嗎啡度日。

那香奈兒不在的期間，巴黎時尚界變得如何呢？

香奈兒不在，並不代表法國時尚界已死。畢竟那是時尚的故鄉。
她的空位很快就被新進的設計師遞補。

你聽說了嗎？西班牙那個叫瓦倫西亞加的設計師來了！

他已經獲得巴黎時尚界教皇的稱號哩！

我好喜歡克里斯汀·迪奧的衣服。

優雅的迪奧風格！

那個叫瓦倫西亞加、來歷不明的外國設計師，不僅是一般大眾，也受到其他設計師的尊敬。

！啊！瓦倫西亞加！

時尚界的皇帝！

而克里斯汀·迪奧這名新進的設計師，也在巴黎引起新的流行。

Christian Dior

人在瑞士的香奈兒也得知了這些消息。

什麼？有誰敢支配巴黎的時尚界？

巴黎時尚界的新傳說！瓦倫西亞加！

克里斯汀·迪奧引領潮流！

是的，香奈兒離開時尚界就活不下去。

法國時尚界的傳說是我，誰都不能搶走我的位置！這本書的主角也要是我才對！

她結束15年的漂泊生活，1954年決心重返巴黎。

等著瞧，巴黎！我會再次征服你！

燃燒

燃燒

燃燒

不過，法國人知道她在戰爭時的行徑，不可能善待她。

什麼？香奈兒要回來？

我們絕對不穿親德派賣國賊的衣服！

CHANEL

但香奈兒不畏懼，她住在麗池飯店，按部就班地準備回歸作品。

然後在1954年2月5日，終於來到了她返回時尚界的瞬間。當時她已經71歲了。

唉……大家會重新接受我嗎？

即使她再怎麼理直氣壯、毫無顧忌，難免還是會擔心。

坐立不安

坐立不安

香奈兒曾經是時尚界傳說，她的回歸當然是個熱門話題。

香奈兒的回歸，真的會成功嗎？

傳說的重返。
嘉布麗葉兒‧香奈兒

世界各地的記者、攝影師、演員等名人，為了看她的服裝秀，擁入康朋街31號。

CHANEL

就在第一位模特兒走在舞台的緊張瞬間！

緊張！

嗯？這是什麼反應？

嗯？

那是什麼？

不是跟以前一樣嗎？

跟20年前採用的筆直剪裁一樣。

這是香奈兒的回歸嗎？不是什麼回顧秀、告別秀吧？

這也難怪。畢竟香奈兒重返時，已經不是她的時代了。

克里斯汀‧迪奧的「New Look（新風潮）」時代。

在香奈兒隱退前，她開創不強調曲線的直線寬鬆剪裁雖然蔚為風潮，但已經被強調女性曲線美的迪奧「New Look」取代了。

平坦的胸部　寬鬆的腰線　一字垂墜的裙子

豐滿的胸部

往內縮的腰線

往外展開的裙子

對已經愛上迪奧華麗剪裁的大眾而言，香奈兒風格很無趣，是過氣的流行。

真是失望！

唉，真的結束了嗎⋯⋯

她失去信心，意志動搖。

我的設計再也不會受到大眾喜愛了吧。

香奈兒的作品以失敗收場。不過，並非全世界都拋棄了香奈兒。

香奈兒回來了！

啊！太棒了！

我好期待喔～～

以後能再穿到香奈兒的衣服了。

不同於態度冷淡的法國，英美的時尚界張開雙手迎接她的回歸。

令人驚豔的感性美貌、深褐色的眼珠、閃亮的微笑。無法阻擋、猶如20歲女人般的活力！這樣的香奈兒回來了！《紐約客》

THE NEW YORKER

香奈兒驚人的回歸！

傳說的回歸
嘉布麗葉兒‧香奈兒

加上香奈兒也不會因一次的失敗，就放棄自己的路。

我不能就這樣被打敗。
我絕對不放棄時尚。
我，是香奈兒！

我要把香奈兒的風格變成一種傳說！我一定要名留青史！

CHANEL

她的選擇沒有錯。令人驚嘆的New Look漸漸失去人氣，在社會上活躍的職場女性，再度尋求實穿的服飾。

難道沒有高貴優雅，又方便活動的套裝嗎？

對了，有那個啊！香奈兒套裝。

特別的是，香奈兒套裝能讓胸、臀扁平的乾瘦身材，看起來很漂亮。

就算胸部不大，我還是可以看起來很美耶！

於是，香奈兒的第二段全盛期到來。

CHANEL SUIT

半世紀前誕生的香奈兒套裝，至今仍以不變的設計受到大家的喜愛，成為香奈兒最經典的風格。使用高級斜紋軟呢的外套和裙子，依舊是優雅商品的代表，創造出名牌套裝的傳說，現在也有很多品牌標榜香奈兒風，推出相關的設計。而這種香奈兒風，儼然在時尚界成為一種風格。

和香奈兒套裝搭配的鞋子也成為話題。當時很流行菲拉格慕發明的細高跟鞋，不過她用雙色搭配，推出了好穿的低跟鞋「Sling Back Pumps（後綁帶淺口鞋）」。

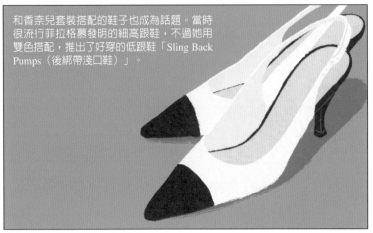

接著在1955年，香奈兒創造出現在全球女性為之瘋狂的世紀包包。如果你是女性的話，應該已經猜到了吧。

香奈兒2.55包！

跟香奈兒其他商品一樣，這也是從實用性出發。當時女性包包大部分都只有短短的把手，沒有肩揹帶的設計。

因此都要用手提著包包。

這樣不管是參加派對，還是看舞台劇，實際上可以用的手就只剩一隻。

得一直拿著的包包形同阻礙。

先放在這裡吧。

一時不察而被偷走的情況經常發生。

我的包包去哪了？我再也受不了了！給我自由的雙手！

把線縫在包包上，別再用手拿著，改成用肩膀揹吧！

她將菱格紋包包加上鍊條，做出香奈兒的第一個包款。有趣的是，鍊條的靈感來自於她在孤兒院的時期，舍監總是掛在腰間的鑰匙鍊。

小香奈兒

香奈兒在1955年2月推出這個實用包包，這就是包包名稱的來源。

February, 1955

2.55

從平織洋裝、香奈兒套裝到2.55包，香奈兒最嶄露頭角的那些經典單品，都是為了讓女性更加自由、更加舒服而生的。即使經過了90幾年，她對世界女性服飾史造成的影響，依然驚人。

1916　　1920　　1924　　1927　　1961

而這樣的貢獻，也讓美國將香奈兒選為「過去50年最具影響力的時尚設計師」。

嘉布麗葉兒‧香奈兒！

還有哪個設計師，能為世界女性時尚史帶來如此偉大的革命？

我們應該也要有一位這種設計師吧。

1930年代，香奈兒的晚禮服

1932

1937

1930

之後，儘管高齡87歲，香奈兒仍準備著下一個作品。

咳咳咳
唉唷，腰好痛！

1971年的某天，她結束散步回到麗池飯店後，感到強烈的疲倦。

啊……我無法呼吸。幫我打開窗戶……

啊，香奈兒女士！

她就這樣死去了。只留下這句話。

看吧。這就是死亡……

遺憾的是，因為她背叛法國、協助德國的過往，無法在法國安葬。無可奈何之下，只好將她的遺體埋在度過漂泊生涯的瑞士洛桑市。皮爾・帕門、瓦倫西亞加、伊夫・聖羅蘭等當代時尚界巨匠，都有參加她的葬禮。

我不喜歡人們討論香奈兒的「時尚（fashion）」。香奈兒不是別的，而是一種「風格（style）」。因為時尚一旦過季，就會被丟棄。

然而，風格不會如此。
儘管時尚會消失，
但是風格是永恆的。
一嘉布麗葉兒・香奈兒一

香奈兒的衣服不是那種過季就會變老氣，只有瞬間壽命的時尚。她的設計不管過幾個世紀，仍是每個人都覺得很流行的一種風格。

那就是香奈兒風格。

1960年代，香奈兒套裝風格

6. 嘉布麗葉兒・香奈兒

文獻 Alice Mackrell, *Chanel,* Holmes & Meier, 2003

Katharina Zilkowski, 《可可・香奈兒》，Sol, 2005

Chanel, 'the Couturier, Dead in Paris', \<The New York Times\>, 1971. 1. 11

Edmonde Charles-Roux, *Chanel: Her Life, Her World, and the Woman Behind the Legend She Herself Created,* MacLeose, 2009

Katherine Fleming, *Marie Claire: Coco chanel: From rags to riches,* 2008

Karen Karbo, *The Gospel According to Coco Chanel,* Globe Pequot Press, 2009

Justine Picardie, *Coco Chanel: the legend and the life,* Harper Collins, 2010

Ingrid Sischy, *Time: The Designer Coco Chanel,* 1998

Helen Reynolds, *20th Century Fashion: The 40s&50s: utility to new look,* Heinemann Library, 1999

Pyo Jeong-hun, Navercast 歷史人物：嘉布麗葉兒・香奈兒，Navercast.naver.com

網站 chenal.com \<Chenal Official Website\>

time.com \<Time magazine Official Website: The 2010 Time 100\>

nytimes.com \<The New York Times Official Website\>

thebiographychannel.co.uk \<TV Channel "Bio" Official Website\>

fashion-era.com \<Fashion, Costume, and Social History Website\>

metmuseum.org \<The Metropolitan Museum of Art Official Site

電影 \<Coco Chanel\>, 2009

7

Christian Dior
克里斯汀‧迪奧
1905～1957

女人的香水比她的字跡，
能說出更多關於她的故事。

從使用自己的名字創立品牌，到迎接突如其來的死亡之前，
克里斯汀‧迪奧親自領導Dior的期間只有短短的10年。不過
在這段期間，他主導著法國時尚界的流行，以新穎的設計
「New Look（新風潮）」為首，創造出許多服飾史上不朽
的作品。現在隸屬於LVMH的Christian Dior，推出服飾、化
妝品、香水、飾品等多樣產品，而男性系列Dior Homme也
很受男性消費者的歡迎。

1900年代初期，即將爆發一次世界大戰的歐洲，充滿不祥的氣息。

不過，住在法國諾曼第的某個小男孩臉上，卻看不出任何的恐懼。為什麼？

因為他是有錢人家的兒子。

啊，世界真是太美妙了～

不像很多設計師過著貧窮、不幸的童年，克里斯汀‧迪奧在上流階層幸福地長大。

院子裡的花都盛開了。

春天已經來了。

我們今天要不要在院子裡喝茶畫畫？

好，媽媽。世上怎麼會如此美好？

他的家人經常穿著高級訂製服，戴著華麗的寶石和飾品。

家裡常常瀰漫著花香，和淡淡的香水味。

嗯～好香～

在如此高尚、優渥的環境中，克里斯汀‧迪奧無憂無慮地成長。

1910年，克里斯汀‧迪奧一家人搬到巴黎，而當時他的夢想是當建築師。

Paris

我要蓋出世界上最美的建築！

迪奧，我幫你開一家畫廊，你能下定決心好好經營嗎？

真的嗎？那當然！喔耶～

但你要隱瞞我們家族的身分。不能用我們的名字。

別擔心，我不會告訴任何人的。

於是，迪奧在1928年正式踏入幻想的藝術世界。

Jacques Bonjean

Jacques Bonjean！真是個美麗的名字。

獨具慧眼的他展示當代知名畫家的作品，將畫廊經營得有聲有色。

3年後，在他的夢想展翅高飛之前，絕望卻先找上了門。他的母親因病過世了。

雪上加霜的是，他的哥哥在不久後也因意外身亡。

正所謂禍不單行，父親的事業破產了。

對不知人間疾苦的貴公子迪奧而言，20多歲突然遭逢的所有悲劇，都是極大的打擊。

怎麼會這樣？我的人生怎麼開始變調了？

結果他在1931年關上了最愛的畫廊。

closed

Jacques Bonjean

這段期間他身無分文，到處流浪。

今天可以讓我住在你家嗎？

啊，你這傢伙最近很煩耶！

對不起，我也不知道怎麼賺錢……唯一會的，只有比別人略懂藝術而已。早知道當初就努力念書了……

喂，既然你很會畫畫，就畫圖拿去賣吧！

喔？

於是，迪奧開始幫高級時裝店畫洋裝或帽子的圖來賺錢。

您上次要我畫的帽子，全都畫好了。

天啊！你畫得好棒！水準很高。

哈哈哈……謝謝誇獎。

你看看這些圖，不覺得很棒嗎？

真的耶～聽說羅伯特‧皮凱在找助理，要不要介紹給他？

你去找羅伯特‧皮凱。我已經幫你談妥了，你可以在那裡工作。

謝謝您，夫人。

真的很謝謝您！

於是1933年，克里斯汀‧迪奧開始在羅伯特‧皮凱的工作室當助理設計師。

Robert Piguet

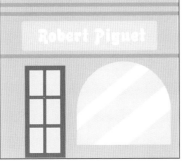

第一次當服裝設計師的他，在工作室學到很多東西，培養實力。

你的美感果然無人能及。

嘿嘿

克里斯汀‧迪奧慢慢地在時尚界打下基礎，不過1939年卻爆發了二次世界大戰。

皮凱大師……我得上戰場了。

什麼？你收到命令書了嗎？

對，所以我沒辦法來這裡工作了。我正要大展身手的說……

別擔心。你很有實力，回來以後還是可以工作的。

於是，迪奧打了2年的仗。

每天都要穿灰撲撲的軍服，簡直就是地獄！

1941年戰爭結束後，他重新回到巴黎！

好自由！我要重返設計師的世界！穿很多好看的衣服～

他開始在盧西恩‧勒隆的工作室工作。

Lucien Lelong

你們好，我是從今天起在這裡工作的迪奧。

你好，我是帕門。

我是紀梵希。

他跟皮爾‧帕門、紀梵希在同一間工作室當助理設計師，一起累積經歷。

以這種程度來看，我在這裡是最強的！

說什麼啊？你還比不上我！

有一天，他小時候的朋友來店裡，為他帶來一個絕佳的機會。

迪奧，好久不見了。

喔？怎麼沒先聯絡就來了？

我今天要跟你介紹一個人。

迪奧朋友介紹的人，叫瑪莎·波薩克，是當時被稱為紡織界之王的商業大亨。

他是我跟你提過的迪奧。

我們公司的服裝事業面臨苦戰，所以我需要能讓它起死回生的人才。

點頭點頭

你覺得怎麼樣？以後時尚界會怎麼變動，你說說你的意見吧。我想看看你的眼光。

我認為，現在戰爭已經結束，世界將會改變，人們應該想要一個新的風格。

NEW

之前很流行拘謹、文雅的衣服。

華麗又奢侈的衣服將再度抓住人的心！

現在是昂貴布料、奢華單品的時代！

很好。如果是你，應該可以信任而且我多的是高級布料，我們應該能成為完美的夥伴！

用你的名字開一間時裝店吧！我會資助你。

1946年，他的第一家高級時裝店Christian Dior在蒙田大道30號開幕了。

如同迪奧說的，1940年代巴黎的時尚沒有新的流行，延續著1930年代的風格。因戰爭後遺症，連時尚先驅的巴黎人也穿著呆板、男性化的服飾。

戰爭時期，很多男人離開家庭去參戰，使女性得去農場和工廠賺錢養家，所以經常穿著制服。

工作吧　工作吧　工作吧
工作吧　工作吧　工作吧

即使紅花、黃花已經綻放

加上原本主導巴黎時尚的香奈兒，厭惡強調女性S曲線的剪裁。受到她的影響，許多女性都愛穿單調、方便行動、沒有裝飾的衣服。

她的衣服是怎樣？

天啊，好俗氣。

香奈兒小姐說：強調胸部和臀部很膚淺！

看看她的帽子，大概要去參加扮裝派對吧。

然而戰爭結束後，社會重新找回和平，女性對於時尚的觀念也漸漸改變。

脫離悲慘戰爭和苦難的女性，開始渴望新的東西。

這麼風和日麗的周末，我一定要穿這件無聊的衣服嗎？

連之前引領潮流的香奈兒都宣布隱退，巴黎的時尚界突然陷入恐慌狀態。

咻咻咻咻咻～

在這種情況下，1947年2月12日
迪奧推出第一個作品。

登登！ ChristianDior

閃亮！

哇

剪裁
好棒

人們的視線離不開他的服裝。至今
從沒有人展現過的服裝剪裁，由迪
奧公開於世人眼前。

你看垂墜到小腿、
充滿女人味的長
度，加上像花苞盛
開的裙子。

彷彿快斷裂的
纖細腰線！

柔美的肩線……

女人味的巔峰！羅曼
蒂克的時代再次到
來！

時尚秀場內，模特兒穿著充滿魅力又優雅的衣服，對比著女性觀眾穿著保守
無趣的衣服……

啊，好丟臉。
我要快點回
家。

我也很忙，
先告辭。

我的衣服
今天怎麼
特別俗
氣？

一點曲線都沒
有，搞什麼！

許多報章雜誌極力稱讚他的
秀。

令人意想不到的設計師出現
了。迪奧，就像你說的，
New Look誕生了！

NEW
LOOK!

時尚雜誌
《BAZAAR》的
卡梅爾・史諾

新風潮 New Look
雖然當時作品名稱為「花冠Corolle」，卻自然而然地被叫做New Look。迪奧呈現的就如同該名稱，完全顛覆過去流行的女性服飾剪裁，打造出新的曲線。

1947

他將香奈兒消滅的束腹重新穿回女性身上，也讓她們為了打造裙子的蓬度穿上襯裙。

腰變得有點細哩！

因此，New Look也引起撻伐。

居然把女性的身體商品化！

這麼愚蠢的設計師，我第一次看到！

快滾出去!!
New Look!!

加上迪奧跟過去的保羅·波耶特一樣，都使用最高級的布料，所以價格也很驚人。

這個價錢太荒謬了！一件衣服就要4萬法郎?!

£40,000

不過，New Look吻合當時的時代背景，依舊引起高度關注。戰爭結束後脫離工作的女性，重新扮演傳統家庭主婦的角色，像過去一樣，樂於為丈夫、小孩營造幸福的家庭。此時，女人味巔峰的New Look，完全符合她們的期望。

女性因戰爭壓抑的裝扮欲望就此爆發，如此浪漫、奢侈的衣服深受女性的寵愛。

New Look的人氣也傳到鄰近的英國。

伊莉莎白公主　瑪格麗特公主

聽說這個叫New Look。

太美了！我也想親眼看看New Look。

然而，當時英國為了遏止助長奢侈，限制服飾消費量，所以無法引進New Look。

喬治六世國王

買給我啦！

買給我啦！

受不了女兒們吵著想看New Look，

國王的命令

私下把迪奧傳喚進宮。

於是New Look便瞞著國民，偷偷進入皇室。

英國人啊～這就是New Look。

迪奧也推出第一支香水，名字就叫Miss Dior。

Miss Dior
Christian Dior

經過1950年代，法國由迪奧開始，開啓了高級時裝的黃金時代。而克里斯托瓦爾·瓦倫西亞加、皮爾·帕門是他橫掃高級時裝界的敵手。

Christian Dior

繼New Look後，迪奧也推出各種線條的作品。

H型　　　　A型　　　　Y型　　　　鉛筆裙

不同於裙襬蓬蓬的New Look，像鉛筆一樣細而取的名稱。

有趣的是，迪奧的個性相當迷信。

心神不寧

心神不寧

迪奧下個系列會順利嗎？

除非他請教過熟悉的塔羅牌占卜師，否則絕不舉辦服裝秀。

別擔心，下次會大紅！

真的嗎？謝謝你！

此外，每個系列都有一件含有故鄉「Granville」名稱的外套，至少要有一名模特兒拿著百合花束站上伸展台。

百合拿去

哈啾！抱歉，我對花過敏……

另一方面，他有兩名疼愛的助理，分別是皮爾·卡登、伊夫·聖羅蘭。其中，1955年加入Christian Dior的伊夫·聖羅蘭，用他天賦異稟的美感協助迪奧。

特別的傢伙～

1957年，迪奧的秋季系列由伊夫·聖羅蘭設計許多衣服，十分活躍。

其中有35件是我的設計～

這場發表會的最後一天。

辛苦你了、伊夫。沒有你的話，真不知道該怎麼準備這場秀。

欸，不客氣

既然結束了，我要去做SPA休息一下。身體好累。

好，請您好好休息。這裡交給我來整理吧。

為了犒勞忙碌的作業全部完成，迪奧到義大利Montedison S.p.A.休息。

哇⋯好舒服啊～

結果10天後，他在度假勝地突然心臟麻痺，離開人世。

關於他的死亡眾說紛紜。

設計師博物館

他是魚刺卡在喉嚨，食物中毒而亡。

不是，他是玩紙牌遊戲時，突然心臟麻痺的。

TIME

《時代》

不管死亡原因為何，他突如其來的殞落為法國帶來很大的衝擊。

Christian Dior

幫助成立第一家迪奧時裝店的瑪莎‧波薩克，也對他的死去感到十分悲傷。

把我的私人飛機開來義大利。我要帶他的遺體回法國。

以溫莎公爵夫人為首，有兩千五百多人參加他的喪禮。

小時候，爺爺吃完晚餐後，常常叫我跟堂兄弟過去，問我們長大想成為什麼。

設計師克里斯汀‧拉克魯瓦

眾人緬懷著開創高級時裝黃金時代的迪奧，送他離開。

那時我就會這樣回答。我是克里斯汀‧迪奧。

1950

1954 F/W

7. 克里斯汀‧迪奧

文獻 Alexandra Palmer, *Dior: a new look, a new enterprise,* V&A, 2009
Christian Dior, *Dior by Dior: the autobiography of Christian Dior,* V&A, 2007
Claire Wilcox, *The golden age of couture: Paris and London 1947-57,* V&A, 2007
Marie France Pochna, *Christian Dior,* Little, Brown and Company, 1997
Nigel Cawthorne, *The New Look: Dior Revolution,* Hamlyn, 1996
Richard Martin, Harold Koda, *Christian Dior,* Metropolitan Museum of Art, New York, 2000
Helen Reynolds, *20th Century Fashion: The 40s&50s: utility to new look,* Heinemann Library, 1999

網站 designmuseum.org <London Design Museum Official Site>
vam.ac.uk <Victoria and Albert Museum Official Website>
fashion-forum.org <Fashion Forum Site>
nysatorialist.com

8

Cristóbal Balenciaga

克里斯托瓦爾‧瓦倫西亞加

1895～1972

女裝的設計交給建築師，形態交給雕刻師，顏色交給畫家，
調和交給音樂家，而節制適度則交給哲學家負責。

以「巴黎時尚界教皇」稱號為人所知的瓦倫西亞加，他的外
號源自於優雅、俐落的結構式設計，以及完美的技術。瓦倫
西亞加不允許一絲誤差，他與生俱來的裁縫技術超群獨步，
任何設計師都無法比擬。在他退休後30年間，品牌
BALENCIAGA（巴黎世家）雖然漸漸被人淡忘，不過遇上
前衛設計師尼可拉斯‧蓋斯基埃（Nicolas Ghesquière）後，
再次回歸到舞台上。

1895年1月21日，出生於西班牙Guetaria的克里斯托瓦爾·瓦倫西亞加，在寧靜的小漁村度過了童年。

爸爸，你要抓很多魚回來喔～

當身為漁夫的父親出海捕魚時，母親就會做裁縫賺錢。

瓦倫西亞加經常到母親工作的地方玩耍。

哦～原來線是這樣縫上去的。

喔？兒子來啦？

媽媽，妳可以教我裁縫嗎？

你幹嘛學裁縫啊？

我一定會做得很好！請妳讓我做一次。

好，那你就試試看吧。簡單的就讓你來幫我。

哦，這個超有趣的～

你怎麼會縫得這麼精緻？

嘿嘿

之後，瓦倫西亞加每天都去幫母親做裁縫。

噠噠噠噠

164

這大概是他與生俱來的天賦吧。不知不覺，他的程度已經能輕鬆地縫好一套衣服了。

寶貝兒子，你好厲害！

哪有啊！做衣服真的好好玩！

10歲那年的夏天，他遇見命中注定的人，扭轉了人生。

聽說是馬德里來的Casa Torres侯爵家族。

這種鄉下地方怎麼會有貴族？

今年暑假我們就跟客人在這裡的海邊度過吧，夫人。

好，這裡很安靜，我很喜歡。

奶奶，我要去海邊玩囉～！

好，小心點。

嗯？

嗯？怎麼會有淺髮的小孩？

你好，你住在這裡嗎？要不要一起玩？

可以嗎？

少爺們，回家吃飯囉～

好，叔叔。我們馬上回去！

你要不要來我們的別墅？來一起玩吧！

哦～你們有別墅？我能去嗎？

奶奶，我們邀請住在這裡的克里斯托瓦爾來玩。

您好。

你好，歡迎你來。

哇，您的洋裝美得好驚人！

呵呵，是嗎？你還滿有眼光的。

那個……雖然很冒昧，不過這件洋裝能借我一下嗎？

嗯？為什麼？

我懂一點裁縫，所以我想試著做出一樣的洋裝～做起來很困難。

呵呵呵，這不是普通的洋裝。這是法國大師一針一線縫製的高級訂製服。

害羞

害羞

輕視　輕視

總之，你回家的時候我會借你，你就試試看吧。

好！謝謝您～

侯爵夫人，那個小孩真的做得出來嗎？

那種鄉下小孩哪會做高級訂製服～應該只是好玩的吧。

不以為然

不以為然

答答答

幾天後

夫人！託您的福，我做了一件漂亮的洋裝。謝謝您借給我。

驚！

完全一模一樣。不，反而縫得比原本的還要俐落！

太厲害了！你想不想在時裝店工作？

什麼??

於是，瓦倫西亞加在侯爵夫人的推薦下，開始在聖賽巴斯提安的某家時裝店工作。

多虧如此，他學會了許多在漁村學不到的製衣技巧，培養當設計師的夢想。

瓦倫西亞加做的衣服就是不一樣。非常地精緻！

在他滿17歲的那年，

CHANEL

聽說法國巴黎是時尚中心，不知道我何時才能去那裡。我要先學法文，預防到時需要！

為了自己的夢想，他利用空檔學習法文，按部就班地準備未來。

Comment allez-vous?

1919年，瓦倫西亞加自己的時裝店在聖賽巴斯提安開幕；接著1933年、1935年分別在馬德里、巴塞隆納也設立店面，快速成長。

Eisa

我用母親的姓氏來取店名。

經營時裝店、製作衣服的期間，他的裁剪和構成技巧漸漸到達神乎其技的境界。

尤其，他近乎強迫地執著於衣服的完成度，是個完美主義者。

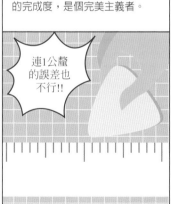

連1公釐的誤差也不行!!

因為卓越的技術和完美主義，瓦倫西亞加很快就成為西班牙最厲害的設計師。

SPANISH DESIGNER

不過，1937年西班牙內亂，造成他的主要顧客再也不上門。

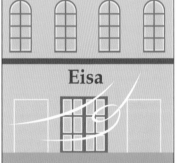

最後他只好決定關門大吉。

停業

店全都收起來了，人們也因為戰爭不再關心時尚……我現在該怎麼辦？

對了，現在正是我前往法國的時候！我要在時尚之都巴黎重新開始！

PARIS!!!

而且我也會說法文～

於是，西班牙設計師瓦倫西亞加終於出現在法國巴黎了。

碎！

1930年代，包括心懷熱情的設計師在內，巴黎充滿許多時髦的法國人。加上法國政府透過服飾輸出賺入大筆收益，所以持續支援高級時裝，巴黎自然成為世界時尚的中心。

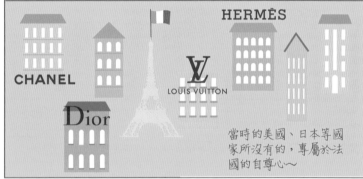

CHANEL

Dior

LOUIS VUITTON

HERMÈS

當時的美國、日本等國家所沒有的，專屬於法國的自尊心～

在這種環境下，1937年非法國出身的外國設計師瓦倫西亞加，用自己的名字開了第一家時裝店！

BALENCIAGA

「喬治五世大道」

儘管瓦倫西亞加在西班牙赫赫有名，在法國卻是無名小卒。

你聽過瓦倫西亞加嗎？

什麼？那是什麼怪名字？

不過他擊敗眾多名聲響亮的巴黎設計師，被譽為巴黎時尚界教皇，踏出了傳說的第一步。

首次在巴黎發表的系列旗開得勝。他受到西班牙文藝復興影響的設計，緊抓住巴黎人的心。

由絲綢和天鵝絨做成的「公主Infanta」洋裝，靈感來自於17世紀西班牙畫家維拉斯奎茲的公主肖像畫。

到底是從哪來的點子？

聽說是從西班牙來的～

西班牙也有設計師？哇嗚

媒體狂熱於他的作品，很快地，到處都能看到關於瓦倫西亞加的報導。

他的時裝秀一結束，就瞬間成為巴黎時尚界的名人。

瓦倫西亞加
瓦倫西亞加
瓦倫西亞加
瓦倫西亞加
瓦倫西亞加

二次世界大戰時，原料不足讓許多設計師的店面結束營業時，瓦倫西亞加一點也不懼怕。

布料不夠就關門？那是沒實力的設計師才會有的行為吧？

他研究如何用少量的布料做出蓬蓬裙的方法，終於找到不堆疊很多布料也能打造出立體的剪影。

對其他設計師而言，戰爭時期有如漫漫長夜；但對瓦倫西亞加來說，卻是提升技術的契機。

我就是裁縫魔法師

其實，瓦倫西亞加跟很多高級時裝設計師不一樣，是少數會自己打版、裁剪，並親手完美縫製的設計師之一。

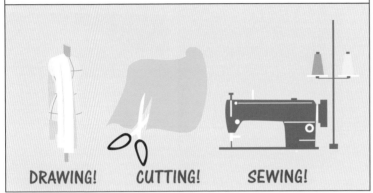

DRAWING!　　CUTTING!　　SEWING!

當時有很多設計師只負責畫草圖，不會自己製作衣服。

就照這樣
去做吧！

因此，毫無裁剪概念的設計師無法創造出新穎獨特的輪廓；相反地，瓦倫西亞加的技術和知識則能推出各種其他人試不出來的造型。

那個要怎麼
做？

呼……這不是你們
所想的那種衣服！

另一方面，二次世界大戰結束後，巴黎時尚界的流行由迪奧主導。

Christian Dior

迪奧透過New Look，讓有如沙漏形態的曼妙曲線大為流行。

但瓦倫西亞加不跟隨潮流，反而像在嘲笑這股風潮般地推出全然相反的款式。當迪奧做出強調腰線的衣服時，瓦倫西亞加就在1947年發表腰部膨脹的酒桶（Barrel Wine）剪裁。

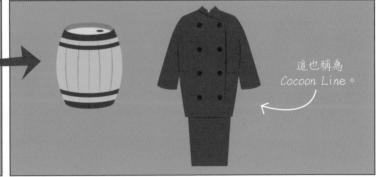

這也稱為
Cocoon Line。

他的創意也常比其他設計師早10年。

1940年迪奧發表的New Look，瓦倫西亞加在1930年代就已經推出。

鏘～
這是New Look～

噗，什麼嘛～
那不是我10年前做過的嗎？

當New Look風靡時，他完全不以為意，著手開發10年後流行的Sack Dress（無形狀、線條流動的洋裝）。

New Look～　New Look～

他通常推出比其他設計師早幾個階段的潮流，《VOGUE》稱他為「預言的火花」。

Balenciaga
Flame of Prophecy

不過，因為他過於前衛，導致受到矚目的都不是自己，而是後來才推出那種設計的設計師。

這種天賦也有令人委屈的一面。

1947年，瓦倫西亞加發表第一支香水Le Dix。一上市，就威脅到當時穩坐香水界第一名寶座的香奈兒No.5。

BALENCIAGA　VS　N5 CHANEL PARIS PARFUM

不盲從流行的BALENCIAGA經過1950年代，開始推出更大膽、更驚人的不對稱剪裁。

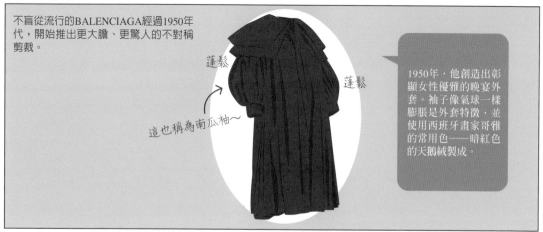

蓬鬆

蓬鬆

這也稱為南瓜袖～

1950年，他創造出彰顯女性優雅的晚宴外套。袖子像氣球一樣膨脹是外套特徵，並使用西班牙畫家哥雅的常用色——暗紅色的天鵝絨製成。

1955年，他發表了第一件Chemise Dress。衣服的腰線延續到臀部，是不刻意勒出身體線條的風格。如同先前提到的，這跟當時風行、強調曲線的New Look大相逕庭，令人難以相信如此嶄新的設計出現在60多年前。

1959年，他推出發想自佛朗明哥洋裝的晚禮服：裙襬前面往上提高，後面則優雅垂墜的獨特風格。而提高的前襬裡加上粉色羽毛裝飾，更增添魅力，在當時榮獲女性最愛的派對禮服第一名。

1957

1955

1951

1959

1951

1950

1954

1959

到了1960年代，BALENCIAGA的服飾從過去蓬鬆的線條，變成直線、簡潔又結構式的設計。他使用顏色單純又厚實的織物，在縫線和褶線施加魔法，做出優雅的衣服。

他藉由每次的作品，創造出曲線和直線的簡潔美感，展現魔法般的裁縫技術。因此，對其他的設計師來說，他的服裝秀就如同一門課程。不知不覺間，這名西班牙設計師成為巴黎時尚界的傳說，瞬間與香奈兒並駕齊驅。

瓦倫西亞加的建構技術優於任何設計師，競爭對手香奈兒也認同他的實力。

稱讚
稱讚

瓦倫西亞加威脅到香奈兒小姐的位置，您覺得怎麼樣？

那是當然的。在我看來，只有瓦倫西亞加是眞正的服飾設計師。相較於他，其他設計師不過只是會畫圖的人。

不過，毒舌派的香奈兒還是不忘批評瓦倫西亞加。

可是啊，他討厭女人！你知道有人說他是同性戀嗎？

說三道四

你看看他做的衣服。居然把充滿女人味的襯衫藏在寬大的外套裡！

加上他的衣服領子都很寬，害女人最想遮掩的脖子皺紋都露出來了！

批評
批評
批評
批評
批評
批評

這或許是代表她嫉妒瞬間在法國受到讚揚的瓦倫西亞加吧。

因為他的設計跟香奈兒的批判相反，可以遮掩女性身材的缺點，呈現優雅美麗的一面。

7～8分的袖長讓女性纖細的手腕和手鐲更閃耀。這也稱為「Bracelet Sleeve（手鐲袖）」。

寬領配上閃亮的項鍊，完美演繹出女性的高貴。

此外，從鎖骨往上延伸的高度，能強調女性優雅的脖子線條。

當New Look大放異彩時,女性為了穿下迪奧的窄腰服飾,得先調整自己的身材。

細一點!

細一點!

可是瓦倫西亞加的衣服並不要求完美的身材。

女性穿我的衣服,不需要變得完美。因為我的洋裝就是做給那樣的她們穿的。

自信滿滿

女性必須遇見能了解自己的風格,幫忙找出最符合自己需求的設計師。

—瓦倫西亞加

瓦倫西亞加的衣服讓女性的身材展現自然、優雅的風貌,受到當代名人的歡迎,賈桂琳·甘迺迪也是其中之一。

甘迺迪總統

小心被人家說總統夫人很奢侈!

當她購買BALENCIAGA的衣服時,為了掩飾,經常用公公約瑟夫·甘迺迪的名字報帳。

我無法放棄BALENCIAGA的衣服。爸,謝謝~

瓦倫西亞加也是其他設計師的老師。由他指導的設計師有紀梵希、庫雷熱、溫加羅等,他們都說瓦倫西亞加是他們的啟蒙導師。

除了風格,他也創造出技術。他是高級時裝界的建築師。

紀梵希

克里斯汀·迪奧則說:瓦倫西亞加是所有設計師的老師。

克里斯汀·迪奧

追趕

跟我來吧

高級時裝就像是瓦倫西亞加指揮的交響樂團,而我們只是跟著他指示的音樂家。

腳步輕快

其中，紀梵希是瓦倫西亞加最疼愛的弟子。

瓦倫西亞加和紀梵希超越師徒關係，兩人友情敦厚，這段故事在紀梵希篇再來仔細說明吧。

哎啊啊啊啊啊我的紀梵希～

另外，瓦倫西亞加的個性也是有名的與眾不同。

他渾身充滿神祕感，是不擅長與人往來的低調派。

呵呵，秀進行得很順利嘛～

如果是自己的發表會，就會獨自躲在舞台的布幕後，窺看自己的秀。

老師，您在這裡做什麼？

啊！嚇我一跳！

他對世間的事毫無關心，這種謎團般的性格反而讓大家覺得他很神祕，進而追隨他。

無念　無想

當有人間為何活著就笑吧～

他特別討厭時尚報章雜誌這類的媒體或廣告。不，應該說是憎惡。

煩死人了。為了要拿到獨家，每次辦發表會就強迫設計師要拿出新點子。

1957年以後，他甚至不讓記者等媒體進入他的發表會。

今天來拍很多美照吧！

這次會有什麼新設計呢？

對不起，記者跟攝影師禁止進入！

什麼?!

而且在衣服送到顧客或買手上之前，絕對不向媒體公開自己的設計。

不是要讓BALENCIAGA這季的設計登上雜誌嗎？

這是為了阻止舉辦發表會後，雜誌上刊登照片就立刻出現大量仿冒品的現象。

我連衣服都沒看到，要怎麼拍？

真是的！

也有傳聞說他懷疑迪奧抄襲自己的剪裁，才會刻意隱藏設計。

委屈

委屈

我什麼時候抄襲了？

明明有，你這傢伙！

瓦倫西亞加被公認為法國高級時裝帶來極大的貢獻，獲頒國家榮譽勳章，在法國時尚史上留下一筆。

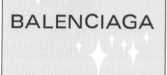

BALENCIAGA

而他在1968年突然宣布退休。

以後我不再設計了。

原因是隨著時代變遷，高級時裝逐漸失去大眾的關注，而容易製造的成衣開始站上時尚的中心。

Prêt-à-Porter

Haute Couture

心神不寧

心神不寧

我絕不接受那種鬼樣！

曾被譽為設計師中的設計師，這位時尚界的教皇就此放下30年來的成就，離開時尚界。

再見…

這不僅對法國，也對全球的時尚界造成很大的衝擊。
甚至他的VIP顧客Mona Bismarck伯爵夫人聽到他的隱退消息，受到打擊，便鎖住自己的房門，不願出去。

夫人，請您出來吧。已經過三天了。

我不出去。叫瓦倫西亞加回來！嗚嗚嗚嗚～

1972年3月24日，他在西班牙的家中安靜地死去。聽說他最後的行蹤，是去參加可可・香奈兒的葬禮。

1967

1961

1967

1960年代BALENCIAGA的服飾

此後，沒有瓦倫西亞加的BALENCIAGA守不住過去的光榮。因為找不到第二個瓦倫西亞加來引領如此巨大的榮耀。

而讓BALENCIAGA重新發光是從1996年，遇到26歲的法國設計師尼可拉斯‧蓋斯基埃開始。

這名年輕帥氣的設計師推出令人驚豔的剪裁和設計，讓沉眠許久的BALENCIAGA華麗地復活。

BALENCIAGA的救世主出現了！

其中最廣受歡迎的就是「機車包」。
當它一問世，就成為最暢銷的商品，引發人氣旋風。在狗仔隊拍到的照片中，經常能看到好萊塢明星提著它的身影。

我是機車包!!

今日，有許多女演員都想穿BALENCIAGA的洋裝。2006年妮可‧基嫚在婚禮上穿著尼可拉斯‧蓋斯基埃設計的白紗，引起話題。

瓦倫西亞加用自己的哲學，做出完美的衣服，展現何謂真正的高級時裝。

他對於完美設計和技術的熱情，至今仍是傳說，成為無數設計師的榜樣。

BALENCIAGA
PARIS

2009 S/S

2006 F/W

2011 F/W

2011 S/S

8. 克里斯托瓦爾・瓦倫西亞加

文獻　Pamela Golbin, *Fabien Baron, Balenciaga Paris,* Papaerback, 2006. 9. 25
Shaun Cole, *Balenciaga, CristÓbal,* qlbty, 2002. 10. 27
Lesley Ellis, *CristÓbal Balenciaga,* V&A, 2007
Claire Wilcox, *The golden age of couture: Paris and London 1947-57,* V&A, 2007
Helen Reynolds, *20th Century Fashion: The 40s&50s: utility to new look,* Heinemann
Library, 1999

網站　balenciaga.com <Balenciaga Official Website>
metmuseum.org <The Metropolitan Museum of Art Official Website>
infomat.com <Fashion Industry Search Engine "We Connect Fashion">
vam.ac.uk <Victoria and Albert Museum Official Website>
Imtheitgirl.com

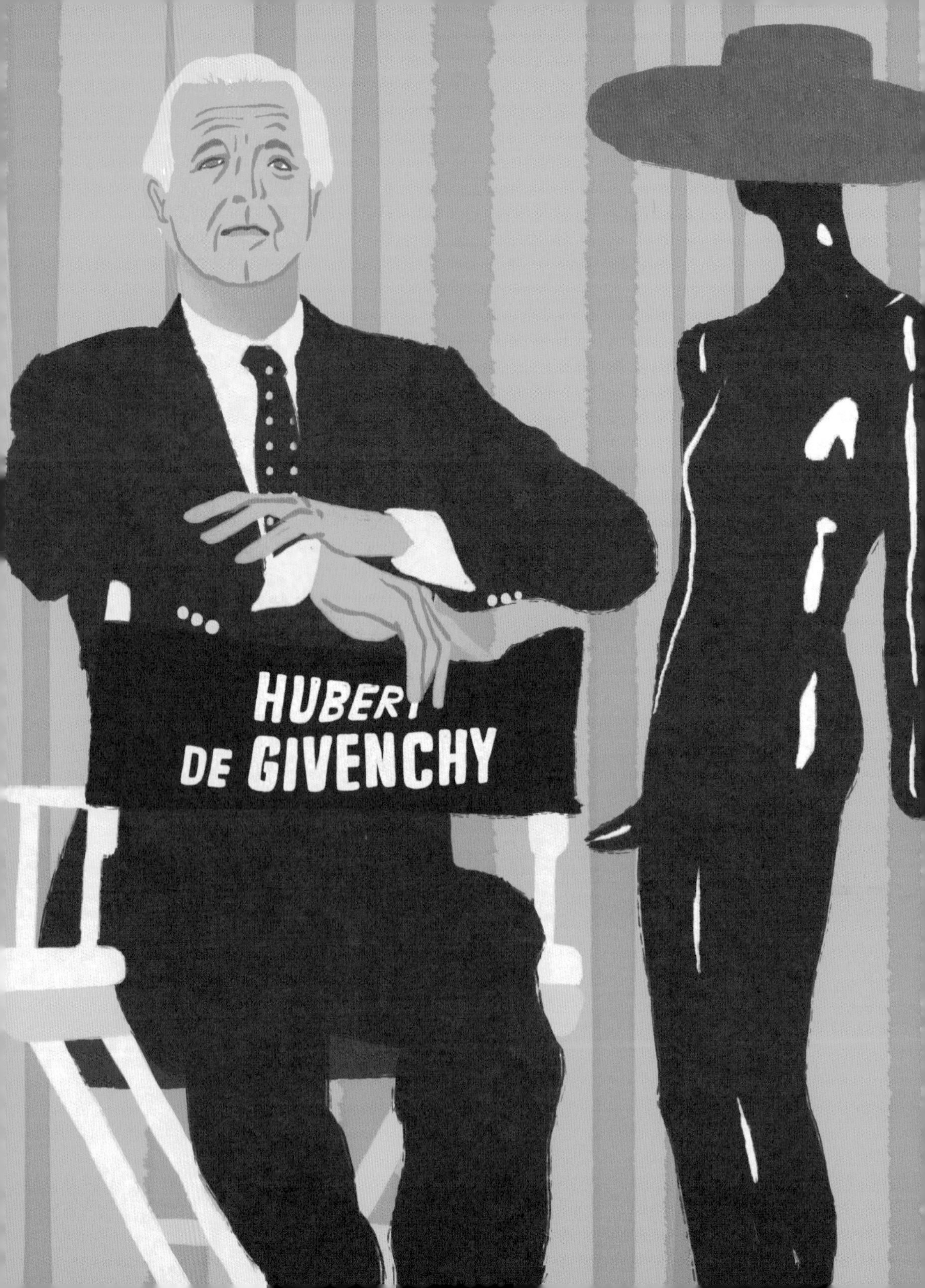
HUBERT
DE GIVENCHY

9

❦

Hubert de Givenchy
于貝爾・德・紀梵希
1927～

並非用身體配合洋裝的模樣，
而是洋裝要符合女性的身材。

萬人迷奧黛麗・赫本在「第凡內早餐」中穿的黑色洋裝，是
以高貴俐落的設計和線條為特徵的GIVENCHY作品。法國
精品GIVENCHY歷經約翰・加利亞諾（John Galliano）、亞
歷山大・麥昆（Alexander McQueen），目前由義大利出身
的里卡杜・堤契（Riccardo Tisci）擔任女裝設計總監。它從
過去古典、簡潔的風格，重生為略帶性感的哥德式風格，是
名人喜愛的品牌之一。

紀梵希第一次進入時尚的世界，是在他10歲的時候。他參觀了巴黎博覽會的時尚區，看到當時優秀的高級時裝設計師的作品，便立刻傾倒。

哇，好美！原來衣服也能像個藝術作品！

在那之後，參照《VOGUE》雜誌裡刊登的服飾畫圖，成為小紀梵希的樂趣。尤其，他深深著迷於BALENCIAGA的衣服。

哦！BALENCIAGA好強！管它是香奈兒或迪奧，我都不要。

1944年，滿17歲的那一年，他為了學習時尚，前往巴黎。

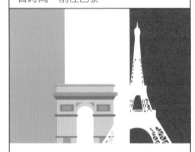

PARIS, FRANCE

他在法國一流的藝術學校讀書，培養實力。

有一天，向來崇拜瓦倫西亞加的紀梵希，決定鼓起勇氣去拜訪他的工作室。

興奮　期待

PORTFOLIO

撲通
撲通

拿著我的作品集去找他吧！誰知道呢？或許我能為他工作！

您好，瓦倫西亞加老師。我叫紀梵希。

嗯？有事嗎？

我想讓您看看我的作品集。我非常想在您的店裡工作！

是嗎？讓我看看。

嗯，你的品味很出色。

啊，我終於要成為瓦倫西亞加的助理了嗎？

PORTFOLIO

但你幾乎沒有經驗。抱歉，我想要有經驗的人。等你累積點經歷再來吧。

嗚…

除了在學校念書以外，幾乎沒有實務經驗的他很快就被拒絕了。

後來他在許多工作室工作，逐漸累積經歷。

1945年
Jacques Fath

1946年
Robert Piquet

1947年
Lucien Lelong

然後在1951年，於巴黎Alfred de Vigny8號街設立自己的第一家店。

GIVENCHY

紀梵希開始準備他的第一個系列，但畢竟他是新人設計師，沒有那麼多錢購買昂貴的高級布料。

連買絲綢的錢都沒有……難道沒有便宜又優質的布料嗎？

此時，作為他第二選項的布料，就是用來做男性汗衫的便宜白色棉布。

用這個試試看吧！雖然是白色棉布，但只要善加利用，就能做出好看的衣服！

高級時裝主要都用華麗、昂貴的布料做成，使用沒有任何花色的白色棉布製作，是一大冒險。

於是，他推出的第一個系列名稱就叫「Separates」。如同字面上的意義，他設計的不是連身洋裝，而是襯衫和裙子各自分開的單品。

在當時，這也算是一種冒險。在高級時裝界，通常都是推出連身洋裝、禮服或是成套的衣服。

然後在第一場秀，紀梵希就誕生了一樣熱銷商品。那就是「Bettina Blouse」。由當時的法國名模Bettina Graziani穿著這件襯衫站上舞台，因而得名。

儘管這件襯衫使用經濟實惠的白色棉布，仍充滿了優雅感。褶邊豐富的袖子，搭配衣領上翻的線條設計，給人純淨、清新感的高級襯衫就此誕生。它得到眾人的讚揚，成為當時的時尚經典。

而且無論是哪個年紀或體型，任何人都適合穿，使得女性只要買過一次GIVENCHY，就會成為終身顧客。

首次發表會的大成功，使他的名字出現在各種媒體，迅速躍上知名設計師之列。

他的衣服沒有華麗的裝飾，而是把重點放在俐落、高雅的線條，由於簡單、好搭配，人們很快就陷入GIVENCHY的魅力。

紀梵希有一套自己的時尚哲學。

FABULOUS!

不管女性的身材是豐腴或乾瘦，都無所謂。因為我的衣服會讓她們看起來很美。

—紀梵希

這好像是在哪裡看過的哲學？沒錯，就是瓦倫西亞加。

1961年，紀梵希將自己的店面移到喬治五世大道，面對著他心目中的神——瓦倫西亞加的時裝店。

瓦倫西亞加大師就在我的對面，這是夢境還是現實？

兩人偶然再次相遇的緣分，原本是像師徒那樣開始的。

他什麼時候會出門呢？

後來因為藝術品味和興趣都很類似，所以發展成互相幫忙、體諒的知己關係。

啊，出來了！瓦倫西亞加大師，早安。

瓦倫西亞加為了紀梵希，會分享自己的草圖和點子，彼此交換意見，累積了深厚的友誼。

把這裡改成這樣如何？

哦，很不錯！不愧是瓦倫西亞加大師！

而且還會讓他看試衣過程，借他工作室，能夠供應給他的都會盡量提供：

她是我們店裡裁縫最厲害的裁縫師。做下一個系列時，讓你借去用吧。

哦～瓦倫西亞加大師認同的裁縫師。

甚至瓦倫西亞加隱退的時候，將自己的VIP顧客名單全給了紀梵希。

如果是你，絕對能充分滿足我的顧客。

無限疼惜

VIP LIST

無限感動

這在當時的高級時裝界，是相當罕見的事。設計師之間為了拿出更好的作品，通常都會隱藏自己的點子，彼此競爭。

唉唷！草稿被看到了……

哼！別亂瞄。

尤其瓦倫西亞加跟其他設計師幾乎沒有交流，是個隱居型的人物，他如此疼惜紀梵希是史無前例的事。

哎啊啊啊，我的紀梵希。

嘿嘿，我很棒吧？

我也想跟瓦倫西亞加老師拉近關係……

為什麼只對紀梵希好？

紀梵希經常跟瓦倫西亞加走在一起，總是聽從他的建議和決定。

以後我的新作品在送給顧客和買家的一天前，才會向媒體公開。

我也是！

就像時尚界的巨匠，用愛培養延續自己哲學的弟子一樣。

所以紀梵希的設計傾向，跟瓦倫西亞加的特徵和本質很類似。

線條的重要性

單純

簡約

優雅

不過，影響紀梵希的人物不只瓦倫西亞加。

鈴鈴鈴～

喂？什麼？
赫本小姐要來量衣服尺寸？
是！我知道了。
我當然願意幫她設計～

凱瑟琳・赫本要來我的工作室？
真是令人期待！

請問紀梵希大師在嗎？

叩叩

撲通撲通

在！請進。

你好！

喔？

那就是奧黛麗・赫本

我叫做奧黛麗。

嗯？不是凱瑟琳・赫本？

紀梵希誤以為是當時知名的女演員凱瑟琳・赫本要來，卻看到短髮又俗氣的10幾歲新人演員奧黛麗・赫本，感到十分失望。

搞什麼，害我期待了一下……

哼…

啊，妳說妳叫奧什麼？總之，赫本小姐，對不起，我今天沒有時間，無法幫妳量尺寸。

大師，我想拜託你幫我做這次演出電影的戲服。請你撥出一點時間吧。

閃亮

閃亮

發現了她的熱情與魅力後，紀梵希便開始製作電影「第凡內早餐」的戲服。

我生平第一次看到這麼完美的女性。天真可愛，卻又同時擁有優雅的特質。

不久後，這部電影票房告捷，戲服也深獲喜愛，最後紀梵希還得了奧斯卡最佳服裝設計獎。

1954年，紀梵希為奧黛麗・赫本設計的電影「龍鳳配」戲服

之後，他們兩人成為電影史上最合作無間的明星與設計師搭檔，每當奧黛麗·赫本要拍新電影，就一定會穿紀梵希的衣服。

「謎中謎」（1963）

「第凡內早餐」（1961）

紀梵希的衣服有時能把她塑造成討人喜愛的野丫頭，有時又能把她變身為風情萬種的摩登女性。

活潑
爽朗
優雅
高傲

相對地，每當紀梵希要辦發表會，奧黛麗・赫本就會到現場。

明天紀梵希要在巴黎辦秀？我當然要去！

可是明天要去瑞士拍片……

〈發表會當天〉

老師，今天赫本小姐也會來嗎？

不會，她今天要拍攝，沒辦法來。

謝謝大家

謝謝大家

啪啪

啪啪

啪啪

啪啪

不管有什麼行程，她一定會出席紀梵希的秀，並坐在第一排為他加油。

啊，奧黛麗！

加油！

1957年，他為奧黛麗・赫本調製一款香水「L'Interdit」。這款法文意為「禁忌」的香水，蘊含「除了奧黛麗・赫本，誰都不能使用」的意義。

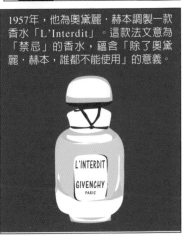

L'INTERDIT
GIVENCHY
PARIS

她是紀梵希的繆思女神，而這段無人能介入的友情持續了將近40年。

不僅是奧黛麗・赫本，還有許多名人熱愛紀梵希的衣服，其中也包括約翰・F・甘迺迪總統的夫人賈桂琳・甘迺迪。

我很常出現在這本書裡吧？

SHOPPING
SHOPPING
GIVENCHY
GIVENCHY

然而，1963年發生甘迺迪總統遭人暗殺的事件；諷刺的是，這讓紀梵希更加出名。

砰

啊啊啊！

賈桂琳‧甘迺迪向紀梵希訂購葬禮要穿的衣服，於是甘迺迪家族全員都穿著紀梵希的衣服，參加總統的葬禮。這個畫面透過電視和報紙傳到全世界的面前，使大眾認為紀梵希是上流階層愛穿的品牌，並再次受到矚目。

1977年，他也曾參與汽車「Lincoln Mark 5」的設計，一推出就賣到缺貨，可見紀梵希的人氣不斷升高。

他被譽為繼瓦倫西亞加後最會裁剪的設計師，並以代表法國的設計師聞名。

到了1990年代，時尚界走向大企業的商業模式。

PPR
LVMH

紀梵希也跟隨這股趨勢，加入LVMH。

噢耶！
又多了一個～

貝爾納‧
阿爾諾

1992年，紀梵希積極展開各種設計活動，迎接40周年；到了1995年7月，他發表了最後一系列高級時裝後，退出時尚界。後來，GIVENCHY歷經約翰‧加利亞諾、亞歷山大‧麥昆、朱利安‧麥克唐納，目前由里卡杜‧堤契接手設計。

40年來，GIVENCHY用美麗優雅的設計帶給人們感動，在電影史上也留下一筆。至今仍有許多好萊塢明星選擇GIVENCHY的衣服走紅毯。而GIVENCHY也不斷展示其獨特的美感給大眾看。

GIVENCHY

2010年第82屆奧斯卡頒獎典禮電影演員柔伊‧莎達娜的GIVENCHY禮服

1952

1957

1963

1954

1988年，GIVENCHY的高級訂製服

9. 于貝爾・德・紀梵希

文獻 Claire Wilcox, *The golden age of couture: Paris and London 1947-57,* V&A, 2007
Francoise Mohry, *The Givenchy Style,* Paris, 1998
Fashion Institute of Technology, Givenchy: 30 Years Exhibition Catalogue, New York, 1982
Caroline Rennolds Milbank, *Couture: The Great Designer,* 1985
Pamela Clarke Keogh, *Hubert de Givenchy,* Aurum Press, 1999
Denbigh, Dorie, 'The Muse and the Master(Audrey Hepburn and Fashion Designer Hubert de Givenchy)', <Time>, 1995. 4. 17
Javier Arroyuelo, 'La haute couture: Givenchy', <Vogue>(Paris), 1985. 3

網站 infomat.com <Fashion Industry Search Engine "We Connect Fashion">
fashionencyclopedia.com <Fashion Encyclopedia>
givenchy.com <Givenchy Official Website>
vam.ac.uk <Victoria and Albert Museum Official Website>

10

Yves Saint Laurent
伊夫・聖羅蘭
1936～2008

黑色不是單一，而是存在著無數的顏色。

讓女性的正式套裝從裙子變成褲子的革命者，就是伊夫・聖羅蘭。他的服飾基礎在於古典雅致，被譽為是超越時尚的一種藝術作品。一頭鬈髮配上黑框眼鏡是他的招牌符號，而他在法國時尚界的存在有如神話一般。品牌YSL歷經湯姆・福特，目前由義大利出身的斯特凡諾・皮拉蒂（Stefano Pilati）擔任首席設計師，推出男女成衣、飾品、化妝品、香水等商品。

1953年法國巴黎。在國際羊毛事務局主辦的新人時尚設計師大賽，有個毫無經驗的少年擊敗眾多優秀的競爭者，不可思議地得到第3名。

新人時尚
設計師大賽

第1名×××
第2名×××
第3名×××
‧‧‧‧‧

《VOGUE》總編輯布魯諾夫

哦～
這個設計真了不起！

你就是得獎者啊！時尚設計師是你的夢想嗎？

我還不知道耶，呵呵

你的才華很傑出。你將來一定會成為時尚界的傳奇人物。

啊？

這名少年就是英名永存在全球時尚史的法國之光——伊夫‧聖羅蘭。

他出生在阿爾及利亞的地中海小村莊，是個文靜內向的孩子。

害臊
害臊

因為矮小的體格和消極的個性，使他經常被朋友捉弄。

喂，瘦竹竿！你在幹嘛？

又像個女生在畫圖啦～

雖然他對舞台劇、服飾很感興趣，卻沒有運動天分。

呼呼

11歲時，他跟家人去看莫里哀的舞台劇。

傻…

哇，那個華麗的舞台跟服飾，真的好棒！

回到家後，他窩在房間裡，完全不打算出去。

他整天到底在房間裡做什麼？

動來動去
動來動去

他將自己看到的演員服裝和舞台做出縮小版，重現舞台劇的内容！

天啊！伊夫你好屬害！

嘿嘿

在那之後，他把做衣服當興趣，度過了少年時期。1953年，他的母親發現能讓他向全法國展現才華的機會。

聽說要辦時尚設計師比賽。把你的設計稿寄去那裡吧！

結果他在那個比賽得到第3名，聽到當時《VOGUE》總編輯布魯諾夫的稱讚，讓他產生信心。

好！我要去學校正式地學習時尚。

然而，他離開故鄉，進入巴黎的時裝學校讀沒幾個月，就從那裡逃跑了。

好無聊，根本上不下去。

不久後，他之前得到第3名的比賽又舉辦了。

這次我還能得獎嗎？

他這次設計了酒會禮服，在禮服項目得到了第1名！
當時他的競爭對手卡爾·拉格斐，則在外套項目拔得頭籌。

嘿，伊夫！好久不見了～聽說你這次得第1？你果然很強！

布魯諾夫先生！

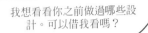

我想看看你之前做過哪些設計。可以借我看嗎？

當然，拿去吧。

這是?!

怎麼會跟迪奧拿給我看的設計如此相似！

時尚大師
迪奧的手稿

一介學生
伊夫的手稿

迪奧當時只把自己的新設計圖拿給布魯諾夫看，所以伊夫完全不可能是抄襲迪奧的。

這是我下一個作品。怎麼樣？

哦，很不錯耶！

那種沒有經驗的年輕學生，怎麼會跟迪奧想出同樣的設計，真嚇人！

?????

伊夫！你馬上去找迪奧。你跟迪奧是非得在一起的命運！

?

什麼？

克里斯汀‧迪奧也是一眼就看出他的才華。

好，就是你了！你可以立刻來當我的助理設計師嗎？

!!!!!

於是，他以18歲的小小年紀，成為克里斯汀‧迪奧的助理。

他在迪奧的時裝店裡工作，學到許多學校沒教的東西，並為克里斯汀‧迪奧的秀，做出各種設計。

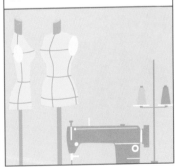

他很快地成為迪奧的左右手，兩人建立完美的夥伴關係，讓高級時裝發表會大獲成功。

伊夫，我的皇太子！沒有你的話，我的發表會怎麼辦？

然而，克里斯汀·迪奧卻在1957年突然辭世。

迪奧的死亡對時尚界造成很大的打擊，而跟迪奧學到很多東西的伊夫也哀慟不已。

嗚嗚……迪奧老師……

另一方面，Christian Dior首席設計師的位置忽地空出來。

Dior就交給你吧！我想了又想，能繼承他的人就只有你了！

啊？我嗎?!

就這樣，21歲的年輕人伊夫·聖羅蘭開始負責帶領這家龐大的高級時裝店。

ChristianDior

愣……

我、我……Dior的首席……？

他著手準備身為首席設計師的第一套系列作品，而在這場發表會推出的就是梯形裝系列（Trapeze Line）。

梯形裝是將迪奧的New Look變得稍微柔和，重生為伊夫·聖羅蘭的版本。窄肩加上拉高的腰線，優雅地展開成梯形模樣的及膝裙子，構成活潑的洋裝線條。

伊夫‧聖羅蘭的Dior作品一舉成功，人們對他的秀表達狂熱的支持，使他享譽國際。

迪奧第二！

啊！伊夫‧聖羅蘭！

那個削瘦的身材，和藏在粗框眼鏡後像少年般的微笑。好帥喔～

不過，正當他要帶領Dior邁向成功之際，阿爾及利亞爆發獨立戰爭。

什麼？要我去參戰？

入營通知書

1960年7月，這名年輕人必須暫時中斷自己的熱情，從軍27個月。但是，還記得伊夫從小就是個瘦弱、內向的孩子嗎？

即使長大成人，他依舊很文靜，不擅長與人交往。

對這樣的他來說，軍隊帶給他很大的衝擊。

他怎麼這樣？快點送去醫院！

從軍不到3禮拜，他就因神經衰弱被送入軍醫院，最後因病除役。

他根本不能打仗！

DISCHARGE

砰

可是這不代表他能重新回到Dior。因為軍醫院將他送到私立精神病院。

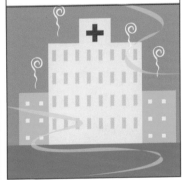

在精神病院裡，他不得不接受各種藥物治療和電波治療。

滋滋滋滋

啊啊啊啊啊啊

滋滋滋滋

這也是他出院以後，曾經陷入藥物中毒的原因。

嘿嘿啦滴呀～
滿天是星星～

另一方面，在伊夫‧聖羅蘭住院期間，Christian Dior首席設計師的位置交給了馬克‧博昂（Marc Bohan）。

什麼?!合約還沒到啊！因為我去了精神病院才變這樣嗎？

出院後，為此感到憤怒的他，對Dior單方面毀約提出告訴，並贏得官司，得到68萬法郎。

Dior
£ 680,000

你們不能這樣！

設計師職位被奪走後，伊夫‧聖羅蘭下了重大的決心。

好！這是神的旨意。現在來創立我自己的高級時裝店吧！

他決定用自己的名字開時裝店，此時幫助他的事業夥伴，就是他的情人──皮耶‧貝爾傑（Pierre Bergé）。

1961年9月，Yves Saint Laurent高級時裝店在法國巴黎薩巴蒂尼街開幕。

YVES SAINT LAURENT

隔年1月19日，他脫離迪奧的庇護，發表YSL第一套系列，獲得驚人的成功。

你的作品真的好棒～

謝謝。

當時，無數的人潮蜂擁而至，給他熱烈的歡呼。

伊夫‧聖羅蘭
吵吵鬧鬧
吵吵鬧鬧

喔？那個……大家幹嘛這樣……

生性害羞的他逃離前來道賀的人們。

別過來，好可怕！啊啊啊

卡班Caban
在他第一套系列中，最吸睛的衣服是叫做
Caban的外套。靈感來自於法國船員愛穿的厚
外套，粗獷的直線剪裁、大大的雙排釦是它的
特徵。這件外套搭配白色的寬褲亮相，是YSL
的經典單品之一。

蒙德里安風貌Mondrian Look
YSL每系列都會誕生無數的經典服飾，尤其他
推出許多靈感來自藝術作品的衣服。其中，以
1965年在巴黎時裝秀發表的蒙德里安洋裝最具
代表性。

另一方面，1960年代，對女性而言，套裝（suit）是指外套和裙子組成一套的正式服裝。

褲裝不是女性應有的打扮，散發洗練品味的西裝（tuxedo）更是男性的專屬品。然而，伊夫‧聖羅蘭不這麼認為。

女人怎麼能穿褲子！

對啊～

哪有這種規定？我要讓你們知道，女性穿西裝也能很有型，充滿性感與魅力。

1966年，YSL史上最知名的單品，也是其象徵的「Le Smocking」誕生了。他改造了男性西裝，變成能襯托女性身材的褲裝，以黑外套、黑褲子和白襯衫組成。這在時尚界是一大革命。因為在那之前，從沒有任何設計師推出專屬女性的褲裝。

由於這個嘗試十分大膽，當時也造成許多問題。Le Smocking一推出，YSL時裝店的經理克萊兒·蘭德森便穿著這身服裝上街。

我是穿著新衣服的都市女性～

某天，她去了麗池飯店。

對不起，您不能進去。

啊？為什麼？

對，您這身打扮進來我們飯店有點……

啊？

！

在當時，一般人認為給女性穿的褲裝是很荒謬的打扮，所以無法接受。

女人穿什麼西裝？莫名其妙！

嘖嘖嘖

YSL打破只有裙子才是女性服裝的成見，賦予女性自由。

天啊，女人怎麼能穿褲裝……

此外，原本專屬男性的西裝，讓女性也能每天當日常服穿，也代表男女平等更進步了。

能跟我匹敵的女人，你是第一個。挺迷人的！

剛開始驚世駭俗的這套衣服，在不久以後，也全面受到女性的支持，女性也開始覺得穿褲裝是件自然的事。

沒想到褲子會讓我變得如此性感～

真的好有品味！

而且也方便行動。

今日女性得以穿著線條俐落的西裝，全都是拜伊夫·聖羅蘭所賜。

褐髮、削瘦的身軀，戴著眼鏡的害羞青年——伊夫·聖羅蘭。
因個性內向導致從小被人欺負的他，在時尚領域完全是個不同的人。他不在乎他人眼光所做出來的大膽嘗試，最後在時尚界引起劇烈的旋風。

我身為服裝設計師的小小義務，就是創作出反映我們時代的衣服。而且我相信女性很快就會接受褲裝的打扮。

若要我從一生製作的衣服當中，選出一樣設計的話，我一定會毫不遲疑地選Le Smocking。
—伊夫·聖羅蘭—

1960年代，時尚界正在變化。米蘭和紐約的成衣商品（Prêt-à-Porter）開始威脅巴黎的高級訂製服（Haute couture）。

當時高級訂製服界的教皇——瓦倫西亞加痛斥這種情況，甚至宣布退休。

我不想跟隨那種完全沒有藝術感的潮流！

高傲　威嚴　神祕

相反地，伊夫·聖羅蘭決定跟著趨勢走。

一般大眾也能穿好衣服。如果顧客想要這樣，就要做啊～

什麼？
你居然背叛高級訂製服?!

1966年，伊夫·聖羅蘭推出成衣系列「Saint Laurent Rive Gauche」。這個產品線急速成長，甚至比YSL訂製服帶來更多的營收，而今販售的YSL服飾正是Rive Gauche系列。

MADE IN FRANCE　SAINT LAURENT　rive gauche　PARIS

Le Smocking之後，他的作品依然深受喜愛。尤其他從許多文化中汲取靈感，設計衣服。例如：1967年他以非洲文化為基礎，推出非洲民俗風系列。

隔年1968年，他以「Saharienne（撒哈拉沙漠女人）」為主題，推出第一件狩獵外套（safari jacket）。這件外套當時搭配過膝長靴，被稱讚能彰顯女性的性感美。

如果說紀梵希有奧黛麗·赫本，那伊夫·聖羅蘭就有法國女演員凱薩琳·丹妮芙。

我們是世紀名搭檔！

你說什麼？我們這對更配！

伊夫·聖羅蘭為她設計電影「青樓怨婦Belle de Jour」的戲服後，

便將她視為永遠的繆思，而她也是伊夫·聖羅蘭的瘋狂粉絲。

喔喔～靈感湧現了!!

你是最棒的～

接著，1970年代可說是伊夫‧聖羅蘭的八卦時代也不為過。

其中最引人注目的八卦就是他的裸照。和其他設計師相同，伊夫‧聖羅蘭也在1971年推出第一支男用香水YSL，沒想到他卻自己當海報的裸體模特兒！

那傢伙終於瘋掉啦?！
他怎麼敢全身脫光光啊！

天啊！
丟人現眼。

1977年問世的女用香水Opium也引發爭議。這次又是怎樣呢？

因為Opium是鴉片的意思！

竟然拿毒品當香水的名稱，他瘋了嗎?！

不能用這種方式美化毒品！

他被批評隨便利用19世紀在中國爆發的鴉片戰爭。

鴉片戰爭是中國人的一大傷痕。

你瞧不起中國人嗎？

伊夫‧聖羅蘭真的很可惡！

不過這些八卦反而讓Opium更有名，在商業上達到極大的成功。

話題並未就此結束。他也是第一位在發表會起用黑人模特兒的設計師。

黑人模特兒慕妮雅

他不管做出什麼設計或行為，都是與眾不同的鬼才。而且這些全促使時尚界進化，造成革命。

I am different.

法國人尊敬這位熱愛藝術的天才設計師，而他在時尚界留下的成就也使他成為法國的象徵。

不僅是法國，紐約大都會美術館在1983年舉辦他的作品展。大都會美術館為在世的設計師辦展示會，伊夫·聖羅蘭是第一個。這證明他的服飾對現代女性史有很大的貢獻。

但是到了1990年代，與其他名牌一樣，YSL也陷入危機。1993年，不得不將公司57%的股份賣給製藥公司ELF—SANOFI。

接著2000年，PPR集團收購了Saint Laurent Rive Gauche。

而他僅剩高級訂製服的生產線。

皮耶·貝爾傑
沒關係，沒關係。

那麼，訂製服以外的產品線設計由誰來負責呢？

那就是我，湯姆·福特！將瀕臨死亡的GUCCI救活的神之手！

然而，對於PPR集團選擇湯姆·福特當設計師，伊夫·聖羅蘭表達強烈的不滿。

我絕不認同你！像你這種美國出身的商業設計師懂什麼？

因此，他沒參加湯姆·福特在YSL的首次發表會；

伊夫·聖羅蘭先生
敬邀您參加Rive Gauche
發表會。
—湯姆·福特

這傢伙竟敢幫YSL做設計？沒必要看！

舉辦自己的訂製服發表會時，也沒邀請湯姆·福特。

什麼！

你不准來參加我的發表會。
—伊夫·聖羅蘭

即使如此，湯姆·福特無比尊敬伊夫·聖羅蘭。

我最崇拜的設計師？當然是伊夫·聖羅蘭～

但他卻毫無接受湯姆‧福特的意思，是段悲傷的單相思。

可是聖羅蘭說他最討厭你～

啊啊啊！為什麼他不喜歡我？

另一方面，伊夫‧聖羅蘭越來越厭惡時尚界。

現在的時尚界真倒人胃口……

在大企業的擺布下，那些品牌只會想盡辦法賺很多錢，設計師只會製作銷路好的衣服。藝術已經死了。

PPR　LVMH

最後他在2002年向世人宣告退休的消息。

時尚界已經拋棄了優雅與美麗，墮落成為了刺激購買欲望的粉飾櫥窗，讓我完全無法適應。

——伊夫‧聖羅蘭

注入匠人精神的訂製服現在也得不到認同……瓦倫西亞加大師，我終於懂你的心情了。

什麼？伊夫‧聖羅蘭要離開時尚界?!

不行！要是沒有他的衣服，我寧願光著身體出門！

他的退休消息在法國造成巨大的動盪。因為巧合的是，過去是法國時尚驕傲的香奈兒、LV、Dior和YSL，進入2000年代後，首席設計師全是非法國出身的外國設計師。

德國出身
卡爾‧拉格斐

美國出身
馬克‧雅各布斯

英國出身
約翰‧加利亞諾

美國出身
湯姆‧福特

在時尚界堅守王位到最後的伊夫‧聖羅蘭，讓走下坡的法國時尚界更是烏雲罩頂。

轟隆隆　匡匡

2002年1月22日，伊夫·聖羅蘭在巴黎龐畢度中心舉辦最後一場高級訂製服發表會。這場秀以他40年來的作品為主題，由100多名模特兒穿上超過250套的服裝站上舞台，結尾則是所有模特兒穿著Le Smocking登場。

感覺像在看時尚歷史。

實在太美了……

最後這場發表會儘管悲傷，卻是過去美好記憶的回顧。熱淚盈眶的伊夫·聖羅蘭和他永遠的繆思凱薩琳·丹妮芙彼此擁抱的畫面，撥動許多人的心弦。

2008年6月1日，他因腦腫瘤過世，享年71歲。

他的死亡讓全法國陷入哀傷。他的葬禮有法國總統及夫人等無數名人參加，許多女性為了表示對他的尊敬，一起穿上他的偉大遺產——正式褲裝。

他是讓我進入時尚界的理由，是我最崇拜，也最想超越的人。

亞歷山大·麥昆

伊夫·聖羅蘭是讓女性穿上自由的時尚革命者，而他獨特又迷人的風格甚至創造出「聖羅蘭風潮」。人們永遠都會記得他是法國的驕傲、時尚界的傳說。

伊夫・聖羅蘭重視美術作品呈現的顏色形象，並從中獲得許多靈感。
從左到右分別是受到達利和畢卡索作品啟發的服飾。（1966年）

10. 伊夫・聖羅蘭

文獻 Caroline Rennolds Milbank, Couture: The Great Designer, 1985
Anne-Marie Schiro, 'Yves Saint Laurent, 71, is dead: A Giant of Couture for 45 years',
<The Tuscaloosa News>, 2008
Lisa Armstrong, 'The inspired fashion of Yves Saint Laurent', <The Times>, 2008. 6. 3
'Yves Saint Laurent shuts its doors', <BBC NEWS>, 2002. 10. 31
Jessica Moore, 'All About Yves', <Online News Hour>, 2002. 1. 16
'Yves Saint Laurent announces retirement', <CNN>, 2002. 1. 7
Julie K.L. DAM, 'All About Yves', <Time>, 1998. 8. 3

網站 ysl.com <Yves Saint Laurent Official Website>
infomat.com <Fashion Industry Search Engine "We Connect Fashion">
thebiographychannel.co.uk <TV Channel "Bio" Official Website>
metmuseum.org <The Metropolitan Museum of Art Official Website>
nytimes.com <The New York Times Style Magazine Official Website>
thefashiontime.com <The Fashion Time Magazine Website>

11

Miuccia Prada
繆西亞‧普拉達
1949～

時尚是自我表現，也是選擇。
如果有人說不知道穿什麼衣服才適合自己，
我都會要他先看著鏡子研究自己。

能將平凡又實用的設計發揮出最大魅力的設計師，正是繆西亞‧普拉達。以尼龍包包席捲時尚界的PRADA，除了時尚、美觀，也因充滿氣質的優雅感，深受女性的喜愛。此外，鎖定10～20幾歲消費者的副牌Miu Miu也緊抓住年輕族群的心。

熱愛旅行的義大利青年馬里奧・普拉達，趁年輕時期環遊了全世界。

旅行途中，他對珍貴物品或品質優良的稀有皮革等素材充滿興趣。

哦哦，這個好特別！

象皮

結束旅行後，他回到義大利便決定要開店。

我要開一家最高級的皮革行。

1913年，他跟弟弟馬迪諾一起開了PRADA的第一間店。

FRATELLI PRADA

這是普拉達兄弟的意思～

普拉達兄弟在這家小小的店面，販售進口的皮革製品、皮箱和手拿包等。

這是從英國來的，非常的讚喔～

然而，這對兄弟對事業的想法很保守。

爸，需要我幫你嗎？

俗話說，女人只要管家事就好！

他們具有強烈的男性優越主義，認為女人不能碰觸事業。

走開，走開～以後也別來店裡。

但引領普拉達家族走到現在的是女性，而非男性，這是怎麼回事呢？

就是啊……我原本不希望這樣的……

有趣的是，那是因為馬里奧死後，他的兒子們都不想繼承事業。理由是……

最近生意不好，要是繼承的話……

真是個大麻煩。

快點成為我的新主人吧

PRADA

沒錯。雖然1919年PRADA生意興隆，還負責製造義大利皇室的包包，

PRADA

但歷經了兩次的世界大戰，危機也隨之而來。

砰

PRADA

我的媽啊……

砰

砰

且對當時的PRADA來說，跟無法比擬的大品牌生存在同個時期，也是個絆腳石。

← 這家不起眼的小店

可是他的兒子們都不肯拯救陷入危機的事業。

蛤！

PRADA

好麻煩，不救也沒差。

我們沒有那個也能活。

此時，挺身說要繼承事業的人，就是馬里奧的兩個女兒。

← 南妲‧普拉達

露易莎‧普拉達

PRADA

接在她們倆之後，讓PRADA躋身奢華品牌之列的人，正是馬里奧的孫女、露易莎的女兒——繆西亞‧普拉達。

假設如此看輕女性的馬里奧，看見女兒跟孫女將事業拓展到這麼大，或許也會認為自己的偏見是錯的。

是啊，是啊！我錯了。

繆西亞在良好的教育環境下成長，衣食無缺；簡而言之，就是千金小姐。

妳有空的話，請跟我喝杯茶吧……

哦超級優雅……

且她的家族是虔誠的基督徒。

不能穿迷你裙！

最近很流行耶……

她從小就相當關注時尚，這使得她經常跟保守的母親發生衝突。

別人上學都能穿迷你裙，為什麼只有我這樣？

靈光一閃

哼，我不管了！

她在家雖然是個文靜的淑女，但一出門就變成積極、充滿幹勁的新女性。

鏘鏘！這就是我的風格！

她對時尚和藝術抱持高度的興趣，所以想考藝術大學，不過問題一樣出在她的家人。

什麼？藝術？不行！

嗚嗚～又說不行！

然而，當時除了藝術，她關心的議題還有共產主義及女權主義。

政治不是應該要好好搞嗎？這個腐爛的國家！

最後因為家人的反對，她放棄藝術，選擇另一個感興趣的領域——政治，進入米蘭大學政治系就讀。

後來，她參加各種共產主義和女權運動，藉由示威展現自己的政治立場和年輕的熱情。

而受到壓抑的藝術欲望則在米蘭的小劇場學習默劇來化解。

她去參加遊行的時候，也很在意自己的穿著。

共產主義是真理！

打破資本主義！

來參加共產主義的遊行，衣服卻穿昂貴的YSL，怎麼會有這種人？

聽說她的衣櫃全是皮爾‧卡登，真是討人厭。

沒錯。身為富家千金、總是穿著名牌衣服的她，以共產黨員的身分參加示威，十分諷刺。

她在時尚和政治之間，陷入了極大的混亂。

我到底想追求什麼？

我的存在是什麼？

我出生是為了什麼？

此時發生了一件事，為她指引出明路。

繆西亞，從現在起，妳得繼承我們的家業。

啊？

對，就是這個！我要為此獻上我的人生！

於是，繆西亞從母親的手中接管了PRADA。對事業還一知半解的她，在1977年6月參觀了國際皮革博覽會。

咦？這個包包我好像在哪裡常看到？

搞什麼？這跟我們的設計完全一樣耶?!

你！以為抄襲我們PRADA的設計會沒事嗎？

啊～妳就是那個只靠一個包包，自以為堅守傳統的PRADA啊？

那又怎樣？明明是你先抄襲我們的設計！

你們跟不上時代的變化，只靠一款落伍的包包撐著，有什麼了不起？

哼，像妳這樣做生意，遲早都會倒閉的～

什麼??

這個厚臉皮的人是誰？他就是今日PRADA集團的CEO——貝特里（Patrizio Bertelli）。他是從17歲就開始經營皮革事業的天才企業家。

而繆西亞馬上就看出他的才能。

想不想跟我合作？

妳看人的眼光真好。

接著，兩人便成為一起帶領PRADA的夥伴。

我是天生的企業家，

我是有需要的話就會把敵人變成夥伴的政治家。

後來，繆西亞親自參與包包的設計。

？

為什麼非得用皮革？

皮革又重又不好保養。沒有比較輕又好保養的素材嗎？

張望

四處

222

嗯？這是什麼布？好輕，觸感也不錯。

那就是尼龍布。
那是她爺爺用來包裝皮革，叫做pocono的防水布。

這個昂貴的皮革可不能弄濕～

尼龍在當時是用來包裝，或製造帳篷、降落傘的下等素材。完全跟時尚沒有關係，也跟當時的流行大相逕庭！

但她完全不在意，堅持使用這種布料。為什麼呢？

時尚不是我的專業，不懂那些時尚知識和流行。只是覺得喜歡就用用看罷了。

加上她的個性叛逆，喜歡反其道而行！

喔？你喜歡這個？那我就不喜歡～

喔？你討厭這個？那我就超級喜歡～

耍叛逆中

到了1979年，PRADA推出尼龍後背包。

反應果然不是很好。

這個看起來亮亮的包包是什麼？

是登山包嗎？

因為它使用罕見的材質，也沒有宣傳，且價格昂貴。

又不是皮的，怎麼這麼貴！

加上在華麗的皮革包包之中，黑漆漆的尼龍包很不起眼。

我來揹揹看好了。怎樣？好看嗎？

不行，不行。整個黑漆漆的，單調又無趣，一點也不美！

不過就像先前說的，繆西亞是不在乎他人眼光的異類。

我們去看GUCCI的新商品吧。

好～

什麼？很單調？

不想買就算了。那是你們沒有眼光！我可是走在時代的尖端呢。

走著瞧。我的尼龍包很快就會大受歡迎的。

我的寶貝

她說中了。1985年，她推出尼龍材質的托特包（tote bag），創下PRADA史上最大的成功。

人們開始陷入黑色尼龍包的獨特魅力！

這個越看越吸引人～

簡單的造型好時尚。

尼龍包因為材質的關係，相當耐磨又實用，設計簡單卻不失優雅。

若有似無的時尚感～好自然。

雖然沒什麼裝飾，卻感覺很高貴耶！

尤其社交活動豐富的職業女性，都很愛這款適合任何打扮、任何場合的簡便包包。

課長，您也買了PRADA的包包啊？

喔？金主任也買啦？最近PRADA很流行。

無視潮流而生的尼龍包，不知不覺成為最時髦的必備單品，全世界的名流都人手一個PRADA包。

PRADA尼龍包銷售到美國、日本等地，達到全球性的成功，占了PRADA總營收的40%，也是一提到PRADA就會聯想到的經典商品。

感激不盡～

繆西亞和貝特里持續推出大受歡迎的PRADA包包。

給這裡一點彈性，你覺得怎樣？

不過，當時他們應該做夢也沒有想到。

哪一部分？

這裡……

從合作關係開始的他們，

天啊……

天啊……

會變成相互喜歡的戀人關係。

啾！

1987年，他們步入禮堂！

積極進取的妻子負責設計，擅長商業的丈夫負責經營。PRADA在這對夫妻搭檔的完美領導中，迅速創下亮眼的成績。

貝特里經常展現繆西亞想不到的企業家手腕。

因為包包賣得很好，就以此為跳板來推動其他的產品線吧！

只靠包包缺乏發展性，要不要來做女性服飾？

好！既然是你的建議，就不會有錯。

因此，繆西亞開始設計女性服飾。製作出自己需要的衣服是她的特徵。

我？我是職場女性兼太太，還是兩個孩子的媽。老是忙到天昏地暗！

她深知像自己這樣兼顧家庭跟工作的女性需要什麼。

最近的衣服太過華麗，沒辦法穿去上班。

那不是我們真正想要的衣服。

於是，她推出一般女性在平常可以穿，且適合任何情況的素雅服飾。

不浮誇的顏色

不浮誇的設計

不浮誇的剪裁

1989年，以「勞動階層」為主題的PRADA高級成衣問世，其特有的簡樸感仍維持至今。

PRADA的女性服飾可以用「極簡主義（minimalism）」和「實用主義」來形容。如果說GUCCI的衣服是性感，Dior的衣服是奢華，那PRADA的衣服就是實用、樸素，並從平凡中透露出高貴的氣質。這是PRADA獨特的風格，單字「prada-chic」也由此而生，吸引了大量的狂熱者。

2000 S/S

2001 S/S

2001 F/W

2007 S/S

而且我也用自己的名字，創造了第二品牌 miu miu！

miuccia prada ↘

miu miu

miu miu在1996年透過電影「羅密歐與茱麗葉」打開知名度。當時，單憑這部電影是羅密歐與茱麗葉的現代版，以及主角是李奧納多‧狄卡皮歐這兩大賣點，就獲得大眾熱烈的迴響，而主角們所穿的服飾正是由miu miu提供的！

哦，我親愛的羅密歐～你知道我衣服的牌子是miu miu嗎？

哦，妳的品味真好！我的衣服是PRADA Uomo的產品～

PRADA女性服飾是專為職場女性設計的高價商品，而1992年誕生的miu miu則是以便宜的價格鎖定年輕一點的女性客群，是PRADA的第二品牌。

同年，PRADA的尼龍後背包華麗地復活。90年代中後期，全世界開始流行極簡主義，而這款設計簡約的尼龍後背包正好符合年輕人的喜好。

當時韓國的校園也隨處可見PRADA包的蹤影！雖然其中有些是仿冒品……

尤其PRADA的倒三角標誌十分具有時尚感。

緊接著在1997年，PRADA推出內衣系列「Intimo」和運動系列「Sport」。PRADA從運動系列再度獲得亮眼的成績。

紅色條紋加上白色的PRADA字樣是設計的重點。

當時，運動鞋只能配休閒服飾是基本公式。

你這個土包子，誰會穿西裝配運動鞋啊？

哈哈哈

超沒時尚感！

這時候，PRADA Sport卻讓穿著西裝的男模特兒穿上PRADA運動鞋。

時尚終結者～

可惡，超好看的！

這在時尚界是創新的嘗試，很快地，男性消費者便開始覺得西裝褲配運動鞋相當有品味！而PRADA的運動鞋也成為男性之間的人氣商品。

紅色條紋是重點～

現在你穿著西裝褲配運動鞋，而不會受到他人的嘲笑，全都是PRADA的功勞。

穿著西裝搭配運動鞋，坐在星巴克喝焦糖拿鐵，享受悠閒的時光，我就是這個時代的潮男。

另一方面，繆西亞被稱讚是名文靜卻冷靜的完美主義者。

不同於其他設計師，她在發表會不喜歡出來接受大家的掌聲。

冒出來

謝謝大家～

哇～繆西亞・普拉達！

只會從後台出現5秒，打完招呼後又馬上消失。

咻～

嗯？

相反地，她的丈夫貝特里則是以火爆個性聞名整個時尚界。

連這個也做不好?!
想被炒魷魚嗎?!

大聲咆哮

驚慌失措

驚慌失措

雖然他常因個性急躁，引發許多問題，卻也成為PRADA事業成功的基礎。最經典的例子是？

PPR

LVMH

GUCCI

在GUCCI篇談過的GUCCI之爭！

1999年，GUCCI的營收是PRADA望塵莫及的，貝特里卻以2億6千萬美金爽快地買進GUCCI的股票，開啟了這場戰爭。

阿阿阿阿

GUCCI

隔年，他以高價賣給一直想收購GUCCI的LVMH，從中取得龐大的利益。

我買的價錢再加1億4千萬美金，我才要賣給你。

GUCCI

貝爾納・阿爾諾

於是，LVMH和PPR集團的GUCCI之爭就此展開。

PPR

LVMH

GUCCI

Bye Bye

你們愛搶就去搶，我先失陪～

除了GUCCI之爭，PRADA也買進、賣出許多品牌，賺取可觀的利益。

JIL SANDER

HELMUT LANG

F

FENDI

2006 S/S

2007 F/W

2008 S/S

2009 S/S

源自於義大利一家小商店的PRADA，透過幾次這樣的併購，便在全球時尚業成為繼LVMH和PPR集團之後，第三大規模的精品集團。

個性迥異卻剛好彌補彼此缺失的這對夫妻，不知不覺已經登上全球億萬富翁的行列！

夢幻搭檔！

當然，PRADA也曾有過一段停滯期。

全球經濟不景氣

尼龍包人氣下滑

從亞洲湧出的仿冒品

PRADA

不過，那只是短暫的危機罷了。隨著小說《穿著PRADA的惡魔》跟電影大賣，PRADA來到了第二段全盛期。

THE DEVIL WEARS PRADA

另一方面，進入2000年代，PRADA不再侷限於時尚領域。

現在是建築。時尚與建築的相遇！

以1999年邀請世界知名建築師Koolhaas打造紐約的PRADA旗艦店為開端，PRADA開始時尚結合建築的改革計畫。

2009年，PRADA在首爾慶熙宮舉辦變形藝術展。展覽館以圓形、十字、六角形、四角形構成，如同電影「變形金剛」，是一棟能改變成各種模樣的新概念建築。這代表：PRADA要追求的，不是單純的時尚，而是能融合所有類型的藝術。PRADA以這種挑戰、實驗精神，立下打造巨大時尚都市的極致目標，不斷地朝此邁進。

2011 F/W

2011 S/S

2011 S/S

PRADA

11. 繆西亞・普拉達

文獻 James Laver, *Costume, and fashion: a concise history,* Thames&Hudson, 2002
Gian Luigi Paracchini, 《PRADA故事》, Myungjin Books（韓國）, 2010
Kim Eun-hui, 〈PRADA：裝上藝術引擎，奔向二度全盛期〉, 《時尚商業》（韓國）, 2008.12.11

網站 fashionweartoday.com <Fashion Wear Today: Fashion News and Trends site>
fashion-forum.org <Fashion Forum Site>

lifeinitaly.com <Life in Italy: Italian New, Culture, Fashion information Site>

12

Mary Quant
瑪莉官

1934～

時尚是為了在外面競爭的工具。

迷你裙之母——瑪莉官，她在英國時尚界興起迷你裙旋風，
獲得女性熱烈的支持，於1960年代將倫敦打造為全球時尚重
地。她的設計推翻陳舊的規矩，自由發揮，並結合幾何髮
型、煙燻妝，創造出經典的「Chelsea Look」，在全世界擁
有廣大的支持者。

韓國第一位穿迷你裙的女歌手——
尹福姬。

♪ 如果你～寂
寞的時候～

在那個不知迷你裙為何物的保守年
代，她受到很多輿論的批評。

妳瘋啦?!

哼！乾脆脫光
出門算了?!

那將這種爭議不斷的迷你裙推廣到
全世界的人是誰呢？

她就是60年代Mod Look的代表、英
國時尚界的驕傲——瑪莉官。

瑪莉官從高中畢業的時候，她的父母便期望她能成為了不起的職場女性。

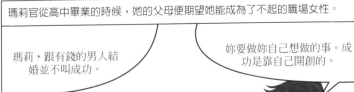

瑪莉，跟有錢的男人結
婚並不叫成功。

妳要做妳自己想做的事。成
功是靠自己開創的。

嘮叨
嘮叨
嘮叨

嘮叨
嘮叨

這時候，她選擇了藝術這條路。

那我要當藝術家！

嗯？

妳說什麼？

有那麼多穩定的工作，
幹嘛要當藝術家？
做那個會餓肚子。

嘮叨
嘮叨
嘮叨

就算那樣，我還是
要去念藝術學校。

面對反對的父母，瑪莉說她會拿到
獎學金，並取得美術老師的學位，
好不容易才獲得同意。

我現在也是
藝術家了！

後來她進入倫敦大學金匠學院就讀，那裡充滿了將自己的生命奉獻給藝術的人，第一次接觸這種地方的她受到不小的衝擊。

哇嗚嗚嗚～我的媽啊！世界上居然有這些人！

於是瑪莉官受到藝術學校的薰陶，度過了大學時期。

ART

藝術是我的人生～

但說好要拿到的美術老師學位卻失敗了。

妳以後打算要靠什麼活下去！

嘮叨
嘮叨
嘮叨

媽，對不起。當老師似乎不是我該走的路。

這反而是值得慶幸的事。假設她當上老師，我們就看不到風靡60年代時尚界的瑪莉官風格了。

畢業後，瑪莉官到上流階層常去的高級時裝店工作。

她在那裡負責做帽子，整天靠做裁縫賺錢。

Danish Milliner

有一天，以前學校的朋友亞歷山大（Alexander Plunket-Greene）給她一個改變命運的提案。

我從父母那邊繼承到5千英鎊。

哇～好棒！

← 未來的丈夫

我想用這筆錢開服飾店，妳很有時尚品味，要不要跟我合作？

真的嗎？我們一起？

於是，1955年11月，亞歷山大、瑪莉官加上另一名朋友奧治（Archie McNair）一起在英國切爾西英皇道開了一家服飾店「Bazaar」。當時，英皇道可說是藝術家的街道，相當於韓國弘大前路，隨處可見新人畫家的展覽、裝潢別緻的咖啡廳、酒吧和特色小店，是喜歡藝術和時尚的品味人士雲集之處。
（譯註：弘大：弘益大學，是韓國知名的藝術大學）

BOROUGH OF CHELSEA
KINGS
ROAD

Bazaar賣的不是自己設計的衣服，而是跟大盤商批衣服來賣，也就是現在所說的零售商。

不過有趣的是，這三個夥伴沒有一個人具有經營知識或經驗！

利潤？

損益計算？

那到底是什麼？

對他們來說，精打細算是另一個世界的東西。單純的他們將批發來的衣服，加上微薄的利潤就賣給顧客。

我們用10英鎊買來，那就賣11英鎊吧？

£11

這樣就賺1英鎊囉？我們快變有錢人了！

一群笨蛋……

服飾店在初期免不了陷入赤字狀態，而他們卻不懂問題出在哪。

嗯？為什麼沒有利潤？

明明賣了很多啊……真是搞不懂。

但隨著時間經過，他們慢慢懂得做生意，加上對時尚的獨特眼光，逐漸獲得英國年輕族群的喜愛。

然而，瑪莉官某天去批發市場找Bazaar要賣的衣服時，

突然明白服飾製造業者並不會生產自己想要的衣服風格。

沒有更亮眼的洋裝嗎?

年輕人真是不懂。比起那種特殊的衣服,大家都買這種安全的款式。

竟敢瞧不起我的眼光?既然你們不幫我做,我就自己來!

於是,瑪莉官僱用了幾名洋裝裁縫師。因為不能放著服飾店不管,所以她白天去店裡賣衣服時,裁縫師就在她的公寓製作她設計的洋裝。

而他們下班以後,就由她自己在家完成最後的縫製。

BAZAAR

Zzzz

隔天她就會把完工的衣服拿去店裡販售。為了購買每天製作衣服的材料,今天做完的衣服必須要在隔天全賣完才行。

自行製作!
新品登場!

另一方面,在1950年代,大家仍認為時尚是來自於擁有高級時裝的富有階層。

我?我是錢多到用不完的女人~

高級時裝店的設計師每季推出的訂製服,就是那一年的潮流,價格也相當昂貴,所以只有有錢人才買得起。

ChristianDior

BALENCIAGA
GUCCI
GIVENCHY
YVESSAINTLAURENT

沒錢的年輕人只好跟隨有錢的中壯年階層所創造出來的流行。

但瑪莉官卻有一套獨到的時尚哲學。

爲什麼時尚非得是上流階層專有的？花樣年華的年輕人追隨古典、守舊的潮流，這樣像話嗎？

我們是沒錢的學生

時尚不分階層。
年輕人也要享有自己的時尚。

來做英國年輕人會喜歡的衣服、我也想穿的衣服、亮眼又有趣的衣服吧！

再用他們能安心購買的合理價錢販售！

可是她剛推出作品的時候，英國人的反應很冷淡。

噗，那是什麼？

看起來好廉價～

尤其長度在膝蓋以上的短裙更是引發爭議。膝上6～7公分的長度在今日或許是常見的流行，但在當時卻是驚人的設計。

嘿嘿嘿
我倒是很喜歡

搞什麼？那要怎麼穿？

大腿全被看到啦！

人們嘲笑她的設計。

穿成那樣成何體統？

噗哈哈

好好笑～誰會穿那種東西？

240

但10幾歲年輕女孩的反應不同。
她們瞬間就愛上瑪莉官的設計，很快就為店裡帶來營收。

這跟二次大戰結束後的嬰兒潮也有關。那時出生的孩子到了10幾歲，成為英國新興的消費族群，而他們就是瑪莉官的目標族群。

不知不覺間，街上到處都是穿著迷你裙的年輕女性，瑪莉官的風格也隨之被稱為Chelsea Look或London Look，成為英國年輕人的代表裝扮。

其實，發明迷你裙的人不是瑪莉官。當時，裙子的長度逐漸進化，變得比較短，最後催生出迷你裙的是安德烈·庫雷熱（André Courrèges）和約翰·貝茲（John Bates）。不過到底是誰先發明的，至今仍爭議不斷。

唯一能確定的是，讓迷你裙成為大家流行的源頭是瑪莉官！

而在她設計迷你裙之前，「迷你裙（miniskirt）」這個單字根本不存在。

這種短裙子該叫什麼才好呢？

最後裙子的名稱來自於瑪莉官最愛的汽車品牌。

好！就參考Mini，叫miniskirt吧！

為紀念此事，汽車公司Rover甚至推出Mini瑪莉官限量版。

MARY QUANT

Mini 的標誌寫上瑪莉官～

迷你裙的流行也帶動其他商品的產生。那就是褲襪。

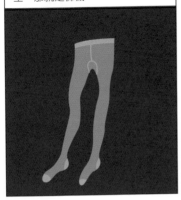

只要是穿過迷你裙的女性，都很清楚那種尷尬的感覺。

太短了，內褲好像會被看到。

爬樓梯的時候，內褲被看到該怎麼辦？

當時大部分都穿吊帶襪，但是迷你裙的長度太短，露出吊帶襪的尾端，顯得很不美觀。

且1960年代初期還很保守，裙下露出整條腿並不被接受。

NO!!!

OK!!!

怎麼能隨便露出大腿?!

一次解決這些問題的，就是褲襪。

只要穿上褲襪，就能解決迷你裙帶來的任何困擾，使得褲襪開始熱銷。

於是，迷你裙和褲襪成為密不可分的搭檔。
穿褲襪變成普及的事，顏色和設計也越來越多元化。

Wet Look
使用PVC等乙烯基素材
製成，且帶有光澤的防
水外套。這是1960年代
瑪莉官帶動風潮的另一
種風格。搭配及膝的雨
靴，塑造成Wet Look。

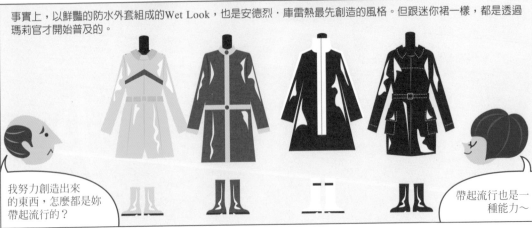

事實上，以鮮豔的防水外套組成的Wet Look，也是安德烈・庫雷熱最先創造的風格。但跟迷你裙一樣，都是透過
瑪莉官才開始普及的。

我努力創造出來
的東西，怎麼都是妳
帶起流行的？

帶起流行也是一
種能力～

瑪莉官熱潮跨出英國，擴散到全世界。她必須製作更多的衣服，運送到各地。

我無法獨自承擔這些量，這樣下去我非得提高衣服的定價，怎麼辦？

為了滿足過剩的需求和合理的價格，只有一個辦法。

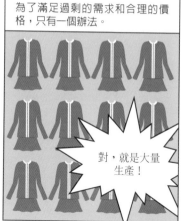

對，就是大量生產！

就在開始大量生產的這個時候，由Bazaar出品的衣服，終於成為有名字的品牌「MARY QUANT」。

MARY
QUANT

乘著這股人氣，她在1966年開始全新的挑戰。

我都買不到我想要的化妝品！

那就是生產化妝品。

既然買不到，就自己做吧！

沒辦法就讓它有辦法！

就像之前設計自己想穿的衣服，她現在也親自製作自己需要的化妝品。

瑪莉官的化妝品在日本受歡迎的程度更是超越了想像。

瑪莉官

瑪莉官

M A R Y
Q U A N T

超好的！一級棒！

1971年在日本上市以後，到1990年代後半，化妝品的銷售量大多來自於日本。

JAPAN

M A R Y
Q U A N T

她甚至發行化妝書籍和影片，不停發展出相關產品。

Quant on Make-up

Classic Make-up & Beauty Book

Mary Quant's Style file

1983年，她推出居家系列「Mary Quant At Home」，販售瑪莉官獨特配色的壁紙、碗盤等生活用品。

瑪莉官將時尚變成年輕人的領域。

多虧有她，因時尚而生的差別文化才會消失。

點頭

她的貢獻受到認同，獲頒無數的獎項。1966年，她更從伊莉莎白二世手中獲得大英帝國勳章。

來見女王陛下，居然還穿迷你裙……

正當巴黎時尚界主導全世界流行的時候，瑪莉官卻在巴黎以外的地方引導獨創的風格，成為英國時尚史上不可不提的驕傲。

M A R Y
Q U A N T

12. 瑪莉官

文獻 Quant, Mary, 《Quant by Quant》, G.P. Putnam's Sons, 1966.
<Vogue>, 1995. 7, 1999. 2

Colin Naylor, *Contemporary Designers,* St.James Press, 1990.

Colin McDowell, *McDowell's Directory of Twentieth Century Fashion,* Prentice-Hall, Inc., 1985.

Richard Lester, *John Bates: Fashion Designer,* London, 2008

Barry Miles, *The British Invasion: The Music, the Times,* the Era Sterling Publishing Company, Inc., 2009

JoAnne Olian, *Everyday fashions of the Sixties: as pictured in Sears catalogs,* Dover, 1999

Kitty Powe-Temperley, *20th Century Fashion: The 60s: mods & hippies,* Heinemann Library, 1999

網站 maryquant.co.uk <Mary Quant Official Website>
icons.org.uk <A Portrait of England>

yourdictionary.com <Mary Quant Biography>

loti.com <Rewind the Fifties>

fashion-era.com <Custume History Site by Pauline Weston Thomas and Guy Thomas>

thefashionspot.com <Fashion Forums site by The Fashion Spot, LLC>

vam.ac.uk <Victoria and Albert Museum Official Website>

biography.com

13

Giorgio Armani
喬治‧亞曼尼
1934～

把勒緊身體的僵硬衣服丟掉吧！
人體不是直線，而是曲線。

追求完美的ARMANI時尚帝國大王──喬治‧亞曼尼。若說1980年代的時尚界由他掌管，一點也不為過。ARMANI的高級西裝堅持沒有一絲累贅的舒適感、低調的洗練美，在美國演員李察‧吉爾穿過後，獲得全世界的支持。「Red Carpet Dress（紅毯禮服）」這個單字也是因他而生。在奧斯卡、金球獎等頒獎典禮的紅毯上，能看到許多穿著ARMANI禮服的明星。

2006年，有個事件喧騰了整個時尚界。

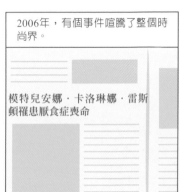

模特兒安娜・卡洛琳娜・雷斯頓罹患厭食症喪命

為了減肥，她一天只吃一顆蘋果和一顆番茄。

還是40公斤？太胖了，要再瘦一點！

這個事件為只有瘦模特兒才能生存的時尚界，帶來很大的衝擊。

怎麼辦？
我要停止減肥嗎？

怎麼停止？變胖就沒工作了。

此時，有位設計師出面嚴厲抨擊這種情況。

從現在起，我們不跟體脂數未滿18的模特兒合作。

體脂數未滿18表示體重過低、營養不良。

No Under 18

啊！我不到18!!

嗯？
我要增肥了。

太好了～
我不用減肥了！

他就是喬治・亞曼尼。

喬治・亞曼尼出生在義大利的貧窮家庭，23歲前還是個醫學院的學生。

嗯？怎麼沒心跳聲？

學醫的他也是個精通時尚的型男。

頭腦好，連穿搭都很帥。

他對時尚滿懷熱情，最終讓他放棄醫學之路。

我不需要白亮亮的醫生袍。

1957年，他在米蘭的高級百貨公司La Rinascente工作，負責採購，跨出他在時尚界的第一步。

他未受過關於時尚的專業教育，但仍透過實務經驗慢慢培養實力。1964年，他的品味備受肯定，成為義大利品牌Nino Cerruti的男裝設計師。

後來他辭掉工作，當了幾年的自由設計師。

你要不要用自己的名字創立品牌？憑你的實力，應該能成功吧？

於是，1975年7月24日，他和朋友賽爾焦‧加萊奧蒂（Sergio Galeotti）共同創立「GIORGIO ARMANI」。他使用高級布料，推出完美剪裁的男女套裝。ARMANI套裝最大的特色，就是舒適、寬鬆的線條。此外，他折衷男裝、女裝的要素，塑造中性的形象，也是一大特徵。

男裝的肩膀柔順地往下垂墜

女裝的肩膀加墊肩強調

他在男裝添加女性要素，使男性線條變柔和；在女裝添加男性要素，使女性線條散發強硬的魅力。

這系列被稱為SUPER SUIT的男女套裝，伴隨1980年代的經濟復興、時尚產業的繁榮，人氣直衝天際。

ARMANI POWER SUIT

1982年，亞曼尼登上《時代》雜誌的封面，成為時尚界不可或缺的設計師。

T.I.M.E.

Giorgio's Gorgeous Style

Fashion Designer
Giorgio Armani

是我、是我～

繼迪奧之後，我是第二個時尚界的封面人物喔～

自此，越來越多好萊塢明星喜歡穿ARMANI。如今在奧斯卡頒獎典禮等紅毯上，也經常能看到女明星穿著ARMANI高級訂製系列的Privé禮服。

安潔莉納‧裘莉

茱蒂‧佛斯特

艾莉西亞‧凱斯

2009年
BAFTA
頒獎典禮

2010年
金球獎頒獎典禮

2009年
奧斯卡頒獎典禮

他也是個足球狂。他對足球的愛讓他為英國國家代表隊、切爾西足球俱樂部設計制服。

球是這樣踢的。這樣～這樣～

今日，亞曼尼透過多樣化的產品線，傳播他的品味。

GIORGIO ARMANI

GIORGIO ARMANI 的副牌，主要推出簡單且正式的高價經典服飾

ARMANI
COLLEZIONI

生產男女成衣、配件、化妝品、香水等的頂級商標

EMPORIO ARMANI

鎖定年輕族群的高價副牌

AJ | ARMANI JEANS

1981年問世的單寧系列，不同於沉穩的高價產品線，使用繽紛的顏色

比起 ARMANI 其他的產品線，以低廉的定價吸引年輕族群。

A|X
ARMANI EXCHANGE

繼LG與PRADA攜手推出PRADA Phone，2007年三星也推出GIORGIO ARMANI Phone。

此外，還有高級訂製服系列ARMANI Privé、童裝系列ARMANI Junior、頂級居家用品系列ARMANI Casa。

2010年，以ARMANI Casa家具裝潢的亞曼尼飯店在杜拜開幕！

GIORGIO ARMANI沒被LVMH、PPR等龐大的企業收購，依然是家穩定發展的獨立公司。它在80年代展現的爆發性能量至今仍未消失，繼續領導洗練又充滿力量的極簡世界。

13. 喬治・亞曼尼

文獻 Germano Celant, Harold Koda, *Giorgio Armani*, New York: Guggenheim Museum
Publications, 2000.

Caroline Rennolds Milbank, *Couture: The Great Designer*, 1985

Jo Craven, 'Giorgio Armani', <Vogue.com>, 2008. 4. 22

Simon Hills, 'Giorgio Armani: What I've Learnt', <The Times>, 2010. 9

Clare Lomas, 20th Century Fashion: The 80s&90s: power dressing to sports wear,
Heinemann Library, 1999

網站 giorgioarmani.com <Armani Official Site>

thebiographychannel.co.uk <TV Channel "Bio" Official Website>

yuddy.com <Celebrity News Site by Yuddy, LLC>

infomat.com <Fashion Industry Search Engine "We Connect Fashion">

unhcr.org <The UN Refugee Agency>

angelasancartier.net <Clothing and Fashion Encyclopedia>

biography.com

14

Karl Lagerfeld
卡爾・拉格斐

1933～

某天，有個記者無禮地要我拿掉墨鏡。
她薄薄的毛衣透出一件難看至極的黑色內衣，
於是我跟她說：「我有拜託妳脫掉內衣嗎？」

黑色墨鏡、馬尾是卡爾・拉格斐的招牌打扮。在香奈兒死
後，他成為CHANEL的首席設計師，在古典風格上添加自
己的獨特品味，引導CHANEL走向摩登的高級時尚。他不
僅是CHANEL、FENDI和同名品牌KARL LAGERFELD的總
監，也是攝影師、廣告模特兒、配音員、書店老闆。他已經
跨越設計師的領域，成為一個時代的指標。

以CHANEL設計師聞名的卡爾‧拉格斐。

不是Lagerfelt嗎？

不，是Lagerfeld。

Lagerfelt)

Lagerfeld)

他的名字本來是Karl Lagerfelt。

爲了更大眾化，給人好親近的感覺～我改成Lagerfeld。

T → D

無論何時、何地，拉格斐總是堅持黑西裝、白襯衫、黑色墨鏡和白色馬尾的造型。

有意見嗎？這是我的特色～

他是怎麼當上設計師的呢？

既然他是CHANEL的設計師，當然是來自時尚之都巴黎吧？

不對！他是1938年出生在德國漢堡的設計師。雖然證件寫1933年生，但本人不這麼主張。

我是1938年生的～證件寫錯了～

CHANEL創始者可可‧香奈兒同樣也說自己出生的年度比證件晚，難道這是CHANEL設計師的特色嗎？

幹嘛這樣說？我比想像的年輕！

Me too!

跟前面登場的設計師一樣，拉格斐從小就對時尚特別在意。

卡爾！這本書超有趣的！是戰爭的故事，好好看！

我不喜歡那種野蠻的東西。你自己看～

嗯？你在看什麼？

比起戰爭史，他更喜歡時尚史和時尚雜誌，經常畫衣服來度過閒暇時間。

呃，書是粉紅色的。

VOGUE

1952年，他14歲的那一年。

想了解時尚的話，就要去時尚的發源地。去巴黎吧！

當時，巴黎可說是時尚的全盛期。二次大戰結束後，和平重回世上，女性熱中於裝扮自己，巴黎的精品店充滿追求最新流行的上流階層女性。

我一定要成為巴黎時尚界的重要人物。

我穿的是GIVENCHY的新品，怎樣？

我買了巴黎世家的新禮服～

他在巴黎自修，學習時尚。1955年，國際羊毛事務局舉辦了新人時尚設計師大賽。

新人時尚設計師大賽

哦哦～就是這個！

此時是高級訂製服的黃金期，因此有許多嚮往當設計師的人參賽，反應相當熱絡。而當時的評審是紀梵希、皮爾・帕門、Jacques Fath。

這個設計很不錯耶！

啊～卡爾・拉格斐？他的設計圖也讓我眼睛一亮。

這個伊夫・聖羅蘭也不簡單。

我的分數是……

後來，拉格斐在外套項目得第一；禮服項目則由伊夫・聖羅蘭獲得優勝。

不過比賽過程有個設計師一直很注意他，那就是皮爾・帕門。

你想不想來我的時裝店工作？

真的嗎？您願意接受我，是我的榮幸！

於是拉格斐被找去帕門的時裝店工作，躍到時尚產業的前線。

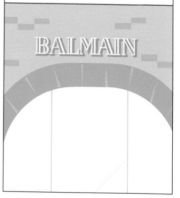

BALMAIN

他跟帕門學習時尚產業的知識，這對他而言是最好的教育。

他當了幾年帕門的助理，但這時有另一家時裝店覬覦拉格斐的能力。

那就是Jean Patou（傑・柏圖）。

你幹嘛在這裡當助理設計師？來我們時裝店當首席設計師吧～薪水也很多～

哦，首席？真的嗎？

於是，20歲的拉格斐登上Jean Patou的首席設計師位置，負責設計每年的訂製服，累積了寶貴的經驗。

然而，到了1963年，他開始厭倦服裝設計師的工作。

唉，好膩，好無聊。沒有新樂趣嗎？

最後他離開Jean Patou，宣布獨立！

被綁在一個地方並不適合我。

FREE～ FREE～ FREE～ FREE～

如同他所下的決心，拉格斐在1960年代及70年代接受法國、義大利、英國等各國品牌的委託，到世界各地進行設計活動。

MARIO VALENTINO　TEPETTO　TIIANI

有趣的是，拉格斐經常去找迪奧熟識的算命師問事情。

別擔心。你會成功的。迪奧也是我說會成功，他就成功了～

此時最引人注目的是，他參與了
Chloé的設計。

請你幫Chloé設計配件。

OK～
沒問題～

雖然剛開始只設計少數的配件，

好棒，超有
品味的！

只讓他負責配
件太可惜了～

他的實力受到肯定，於1974年成為
Chloé的首席設計師，指揮所有的
產品線，並在FENDI負責設計皮草
商品，叱吒時尚界。

卡爾‧拉格斐設計的Chloé服飾

1985

1986

1983

他也在CHANEL擔任數十年的首席設計師，至今仍領導訂製服和成衣系列，與CHANEL形成密不可分的關係。現在，只要提到CHANEL，大家都會想到卡爾‧拉格斐。

1984年，拉格斐擔任CHANEL設計師的同時，也成功推出了自己的品牌「KARL LAGERFELD」。

無法想像沒有拉格斐的CHANEL～

透過自有品牌「KARL LAGERFELD」，他以知性性感的概念，融合俐落的剪裁和現代感的設計，呈現出異於CHANEL、專屬於他的個性。

即使他當上CHANEL的首席設計師，依舊不受限於一個品牌。他同時領導CHANEL和KARL LAGERFELD，並在1993年和Chloé續約。

我是時尚的拉格斐！
我的體內存在著卡爾·拉格斐的名譽

設計FENDI的拉格斐和設計Chloé的拉格斐，判若兩人。

同樣地，設計KARL LAGERFELD和CHANEL的時候，我也會變成不同的人。

你是誰？
你哪位？
？
長得還真像
？
這張臉好像有見過

我要不是沒有自己的個性，就是有很多種個性～

多重人格？

聳肩

聳肩

2004年，他與世界知名的成衣品牌H&M合作，推出30樣H&M KARL LAGERFELD設計。

這些限量商品只在特定商店販售，一上市就在兩天內被搶購一空。

SOLD OUT

另一個有趣的事實是，現在身材乾瘦的拉格斐，過去是發福大叔的體型。

我的肚子很有福氣～

臃腫

肥胖

但是他突然決定要減肥，為什麼呢？

我也想穿得很有型！

嗚嗚

只會設計好看的衣服有什麼用？我穿起來又不好看。

他在13個月內成功減掉大量體重，引起討論，後來還出了瘦身書。

整整瘦了47kg！！

卡爾·拉格斐瘦身書

除了時尚設計，他在其他領域也是才華洋溢。第一個就是攝影。

嗯？搞什麼！拍出來怎麼變這樣？

他對雜誌訪問拍的照片總是不滿意，便開始學攝影。

我的照片我要自己拍。

沉迷於攝影世界的他，後來親自拍了CHANEL宣傳照，成為知名的攝影師。

攝影/
卡爾・拉格斐

此外，他還擔任法國道路安全活動的模特兒，宣導車上要記得帶紅色三角錐和安全背心。

我也知道黃色的安全背心很醜，跟任何衣服都不搭，但它可以救你的命。

接著，他變身為美國卡通「校園嬌娃」的配音員。2008年，他在電視遊戲「俠盜獵車手」裡擔任廣播主持人的角色。

Grand Theft Auto IV

他以自己的造型推出泰迪熊，也為芭比誕生50周年設計了芭比的服裝。

哇…好時尚…

唷～芭比小姐～你穿著CHANEL嗎？

最近，他還受邀為杜拜史上第一座時尚島Isla Moda設計住宅。

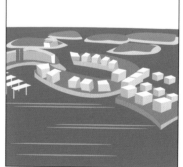

拉格斐片刻都靜不下來，究竟他的能力極限在哪裡？

我也不知道～我的藝術氣息源源不絕，我能怎麼辦～

嘿嘿　　嘿嘿

他總是充滿熱情與能量，以卡爾・拉格斐的傳說延續香奈兒的傳說，並活躍於各種領域，展現自己的影響力，成為現代時尚的指標。

14. 卡爾・拉格斐

文獻 Karl Lagerfeld, Jean Claude Houdret, *The Karl Lagerfeld Diet,* Power House Books, 2005
Maria Costantino, *Designers,* Batsford, 1997
Jo Craven, <Vogue.com>, 2008. 4. 20

網站 karllagerfeld.com <Karl Lagerfeld Official Website>
the Fashion Spot.com <Fashion Forums site by The Fashion Spot, LLC>
thebiographychannel.co.uk <TV Channel "Bio" Official Website>
vogue.co.uk
infomat.com <Fashion Industry Search Engine "We Connect Fashion">
tendances-de-mode.com
nymag.com <New York Fashion>
nytimes.com <The New York Times>
TV
<Maestros of Fashion: Karl Lagerfeld for Chanel 1993-2005>, WF(World Fashion)

15

Ralph Lauren
勞夫 · 羅倫

1939～

我設計的不是衣服，而是夢想。

國際品牌RALPH LAUREN是勞夫·羅倫建立的龐大時尚王國。從未受過設計教育的勞夫·羅倫從店員開始做起，利用大眾的綺麗幻想，搭配天才般的行銷手法，將美式生活風格散播到全世界。現在，勞夫·羅倫擁有極多的授權和品牌，從成衣、童裝、香水、配件，到家具、生活用品，在各方面不斷地推陳出新。

具有典型的精英形象、感性的美式生活風格，並建立全球時尚王國的男人，究竟是誰呢？

他就是勞夫·羅倫。

他出生於美國紐約的布隆克斯區，在猶太移民的油漆工父親和母親的養育下長大。

不同於代表美國上流階層精英的品牌形象，他小時候住在多為藍領階級的庶民社區。

然而，他從10幾歲就具有獨到的時尚品味。

哇啊啊啊啊～
好好看！

果然很貴。
只要穿上這個，
我肯定會變得
很時髦。

他為了買下那套昂貴的西裝，每天放學就到紐約的百貨公司打工。

您挑了這件
紫色的襯衫，
真的很有品味。

雖然同樣的錢能買好幾件便宜的衣服，但他更重視品質和時尚感。

不能那樣！
質勝過量！

由於他很注重打扮，在鄰居和朋友之間被稱為最佳型男。

哇，勞夫果然很
有型！

為了繼續買衣服，他甚至在學校跟朋友推銷，賺起零用錢。

親愛的朋友，你戴這條領帶就會變得很完美喔！

如果看當時的高中畢業紀念冊，學生都會在自己的照片底下寫未來的夢想。那他寫了什麼呢？

我要成為百萬富翁！

這個夢想沒過多久就實現了。他現在是全球排行173名的百萬富翁，不，是億萬富翁。

用錢洗澡～

有趣的是，雖然他對時尚滿懷熱情，卻不曾考慮就讀時尚學校。

啊！就是那裡。

高中畢業後他去的地方，不是別的，正是商業學校。晚上他在夜間大學修貿易課程，

〈紐約私立大學〉

白天則在男裝品牌Brooks Brothers當店員。

您喜歡哪一條～

這個？

後來，他去男裝品牌Beau Brummell當領帶設計師，正式踏入時尚界。

商業教育、當店員和領帶設計師的經歷，都讓他慢慢地成長。在1967年的某一天，

來做自己的領帶事業吧！品牌要叫什麼呢？如果要塑造高級又經典的形象……

對了！美國上流階層最愛的運動——Polo（馬球）。就叫Polo吧！

在諾曼・希爾頓的金援下，勞夫・羅倫第一個品牌──Polo誕生了。

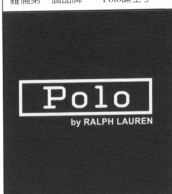

實際上，勞夫・羅倫的本名是羅夫・魯本・利夫席茲，但他跟哥哥傑利一起把姓氏改成羅倫。

LAUREN BROTHER!!!

這在當時也受到眾人的譴責。

竟敢把父母給的姓氏改掉！

這是否定猶太血統的行為！身為猶太人很丟臉嗎?!

然而，勞夫・羅倫的用意並不是如此。

如果事業想要成功，就要用個讓人感到親近的名字。對美國人來說，利夫席茲這個姓氏很陌生，所以我才換成大眾一點的羅倫～

另一方面，勞夫・羅倫成立Polo時所流行的領帶，是窄版且顏色暗沉的設計。

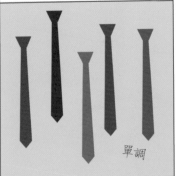

單調

而勞夫・羅倫則反其道而行，推出寬版、色彩繽紛的領帶。

寬11cm

結果，收到領帶的百貨公司Bloomingdale's並不買單。

你能不能照流行設計？

但勞夫・羅倫也不在乎百貨公司的要求。

不喜歡我的設計就不要訂。我絕不會改變我的設計！

沒想到Polo的領帶開始大受歡迎，許多店家都想跟他訂購。

因為營收逐漸增加，Bloomingdale's 也只能照勞夫‧羅倫的意思去做。

之前真的很抱歉。因為我們判斷錯誤……

哼

嘿嘿

領帶事業一獲得成功，他就馬上推出男裝系列。從小就偏好高級精英風的他，也將Polo的概念定為一流經典（classic）。

Polo融合英國貴族的典雅和美式風格，呈現洗練的形象。

住在美東曼哈頓的富裕精英，非常喜愛能完美展現自我形象的Polo。

許多男性為了改變形象，都會去買Polo的西裝。

你以前看起來很遜，今天怎麼好像變聰明了？你穿Polo嗎？

你以前穿得好像乞丐，今天怎麼特別有型？你也穿Polo嗎？

由於男裝系列一炮而紅，他在1970年獲頒Coty獎。

乘著這個氣勢，他在隔年火速推出女裝系列。此時，那個騎著馬的馬球選手標誌也誕生了。

這個商標剛出現的時候，是縫在女裝的袖口～

譯註：Coty獎素有「時裝界奧斯卡」之稱。

緊接著在1972年，現今無人不曉的Polo經典單品終於登場了。那就是Polo網狀衫。當時推出24種顏色，Polo就是從這時候開始把商標縫在胸口處。

Polo衫一推出就擄獲美國男性的心，迅速成為美國人之間的經典單品。

有個契機讓Polo變成全美國人喜愛的國民品牌，那就是贊助電影服裝。

1974年「大亨小傳」

隨著兩部演員全穿著Polo的電影大賣，出現在「大亨小傳」的男裝和「安妮霍爾」的女裝，瞬間成為那個時代的潮流。

1977年「安妮霍爾」

不知不覺間，Polo成為美國的國民風格。不屬於特定族群，而是獲得大眾喜好的Polo風格，也展現出勞夫·羅倫的品牌哲學。

我對流行毫不關心。
穿我衣服的人不覺得我的衣服是流行，而是超越時間、能永遠受到大家喜歡的風格。
能夠一直保存下去的風格，才是最重要的。
－勞夫·羅倫

就像他說的，不管過去、現在的流行怎麼變，RALPH LAUREN的風格始終受人喜愛。

其他品牌每年都配合潮流改變設計，但RALPH LAUREN卻不追隨潮流，維持一貫的風格。

性感造型是最近的趨勢，要不要來做性感的衣服？

不要，做那個幹嘛？

1990年代穿的Polo衫，即使到了20年後的現在拿出來穿也不會讓人覺得老土，這就是RALPH LAUREN的強大威力。

勞夫‧羅倫在自己的設計添加傳統的美國品味，展現出美式風格的極致。

1978年，他推出的西部服飾是美西原住民和牛仔的風格；1981年，他運用印地安人的傳統元素，發表了Santa Fe系列。

至今未有任何品牌推出美式風格的設計，所以勞夫‧羅倫現在也被稱為最美國的設計師。

我也得過美國時尚獎～

他將美式風格傳到時尚的發源地歐洲。美國設計師在歐洲開設獨立的時裝店，勞夫‧羅倫是史上第一人。

他起初在倫敦開設Polo的店面，後來巴黎的店也開幕，觸角延伸到了全世界。

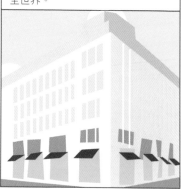

1978年,他在童裝領域創下了另一段歷史。

Polo Boy及Polo Girl問世,卻不採用花花綠綠的幼稚設計,而是直接移植Polo的經典概念,推出高級童裝,至今仍受到家長的熱烈喜愛。

RALPH LAUREN
CHILDREN

伴隨著永無止境的成長,勞夫‧羅倫在1980年代再度拓展自己的事業領域。

接下來是房子。我要讓房子裡充滿RALPH LAUREN。

從臥房和浴室用品,到家具和廚房餐具,他推出囊括所有居家用品的Ralph Lauren Home Collection!

1995年甚至推出油漆系列,讓美國人的日常生活和環境全是RALPH LAUREN。 油漆產品附有教學影片和油漆時需要的各項工具,每個人都能輕鬆上手。

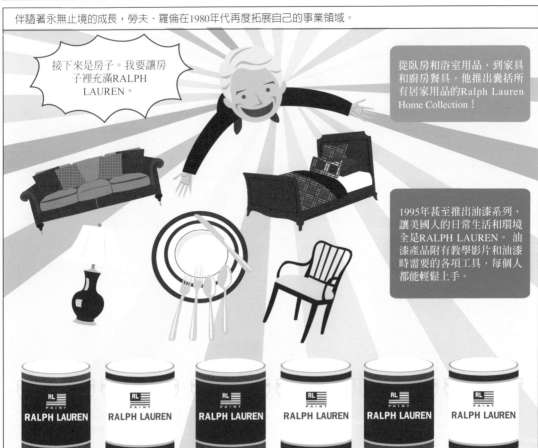

這代表什麼呢？人們住在用RALPH LAUREN油漆裝潢的家裡，穿著RALPH LAUREN的衣服，躺在RALPH LAUREN的床上，蓋著RALPH LAUREN的被子睡覺，用RALPH LAUREN的碗盤盛裝食物用餐……充滿RALPH LAUREN的時代來臨。而這種美式生活風格，也透過RALPH LAUREN傳向全世界。

他的事業版圖並未就此結束。Polo滲入人們熱中運動和瘦身的生活，於1993年推出POLO SPORT。

POLO SPORT
RALPH LAUREN

接著在1996年，他將手伸到美國市場競爭最激烈的牛仔褲產業，「POLO JEANS」誕生。這個副牌的定價較低，也吸引了新的年輕消費族群。

POLO JEANS COMPANY

RALPH LAUREN

POLO JEANS CO.　　RALPH LAUREN

由於他畢業於商業學校，而非設計學校，所以他比任何設計師都懂得創造收益的方法。

How to make money!!

1986年，RALPH LAUREN總店擴大營業，彰顯了他的生意腦袋。這裡原是Edgar de Evia、Robert Denning的住家，勞夫‧羅倫將此改造為Polo的總店。從外觀設計到內部裝潢，全都採用RALPH LAUREN的居家風格，就像是一座大型的展示場。

紐約麥迪遜大道72街萊茵蘭德大廈

這家會讓人聯想到博物館的賣場，提供給進來的顧客超越想像的購物環境。

購物天堂。

這裡簡直是人間樂園。

人們追求RALPH LAUREN風格，每年在這家魔法般的賣場消費超過50億美元。

買買買，隨便買！

這個買，這個也買！

《Women's Wear Daily》的會長約翰‧費喬德

這或許是美國最大，不，是世界最大的時裝店。

最引人注目的部分是，勞夫‧羅倫被稱為販賣生活風格的設計師，而非販賣設計。他推出的廣告、宣傳手法和商品充滿祥和自由的美式生活風格，讓大眾藉由購買RALPH LAUREN的商品，想像自己也能享受同樣的生活。

國際時尚潮流分析公司Promostyl

這不是真實的，而是操作出來的。他受到浪漫的美國文化影響，所以用設計刺激對美式生活帶有幻想的人們，讓他們相信：只要購買RALPH LAUREN的商品，即可每天過著那樣的日子。

這種行銷手法也反映在廣告方面。

> 這件衣服的質料很好，要不要從品質方面進行宣傳？

他在做廣告時也不把重點放在衣服上。

> 不，絕對不要有關於衣服的說明，也不要強調衣服。

> 咦？但這是衣服廣告耶。

就像看電影的某個畫面一樣，把重點放在整體氣氛。讓每個畫面都呈現出RALPH LAUREN的生活風格～

此外，為了增添親近感，他起用素人當模特兒。廣告自然地展現高級又有品味的生活，達到令人想模仿的效果！

這種可怕的行銷手法，使他成為最會賣東西的設計師，創下世界最高的銷售額。

1997年，RALPH LAUREN在紐約證券交易所上櫃，他被譽為在時尚產業最會做生意的設計師。

他也是位慈善家。他賺了很多錢，也勤於參加慈善活動。

> 我不停地捐贈。

成立勞夫·羅倫癌症預防及治療中心

援助牙買加人民

金援Abel Gance Open Air Cinema

捐500萬美金協助諾斯綜合醫院成立癌症看護及治療中心

援助愛滋感染者

成立國際乳癌預防組織FTBC及募款

捐11萬美金協助哈林區開發

為了貧困地區的癌症預防及治療，舉辦Pink Pony活動

推動Polo員工慈善服務計畫

援助乳癌治療基金會

資助哥倫比亞大學的學生電影節

400萬美元的美國英雄基金

勞夫‧羅倫對美國時尚發展的貢獻與慈善活動，讓他橫掃無數的獎項。

男裝Coty獎　女裝Coty獎
　　美國時尚傳說獎
CFDA終身成就獎
　　　　博愛家獎
　文藝復興獎

2006年也被《時代》雜誌選為全球最具影響力的百大人物。

現今，勞夫‧羅倫營運無數條產品線，超過100個授權為他帶來莫大的利益。

不僅如此，為了讓顧客在RALPH LAUREN賣場逛完街能吃飯，還開了RL餐廳。

他開始提供Polo衫的客製化服務，顧客能自行選擇想要的顏色和設計，克服了成衣品牌天生的限制。

商標顏色也能自己選耶！

勞夫‧羅倫，一個幻想奢華生活的布隆克斯男孩，如今建立了一座販賣優雅、幸福生活的王國，成為美國時尚界首屈一指的設計師。

15. 勞夫・羅倫

文獻 Michael Gross, *Genuine Authentic: The Real Life of Ralph Lauren,* 2004
Anne Canadeo, *Ralph Lauren: Master of Fashion,* Ada, OK: Garrett Educational
Corporation, 1992.

Caroline Rennolds Milbank, *NY Fashion: The Evolution of American Style,* New York:
Abrams, 1989.

Jeffrey Trachtenberg, *Ralph Lauren: The Man Behind the Mystique,* Boston: Little, Brown,
1992.

Stephen Koepp, 'Selling a Dream of Elegance and the Good Life', <Time>, 1986. 9. 1
〈RALPH LAUREN，美國時尚傳說〉，《Forbes Korea》，2010.6

網站 ralphlauren.com <Ralph Lauren Official Website>
thebiographychannel.co.uk <TV Channel "Bio" Official Website>

infomat.com <Fashion Industry Search Engine "We Connect Fashion">

woopidoo.com <Business Leaders Biographies Site>

eurbanista.com

biography.com

16

Vivienne Westwood
薇薇安・魏斯伍德

1941〜

我的設計從一開始就把重點放在搖滾精神。

繼1960年代瑪莉官的迷你裙風潮以後，1970年代出現更激烈、更叛逆的時尚，那就是英國龐克風的教母——薇薇安・魏斯伍德。她與搖滾樂團性手槍的經紀人麥拉倫合夥開店，正式進入時尚圈，後來成為具有反社會、批判性傾向的街頭時尚女王。而今，Vivienne Westwood特有的格紋包及顏色鮮豔的橡膠鞋，也備受韓國女性的喜愛。

一提到前衛、龐克的設計，就會聯想到的設計師——薇薇安·魏斯伍德。她為英國的時尚史開拓出名為龐克的全新領域。

不過諷刺的是，她曾經是跟龐克完全不搭軋的國小老師。

大家好嗎？

微笑！

這樣的她怎麼會成為大膽前衛的龐克時尚教主呢？

文靜

文靜

DESTROY

她的父母在倫敦經營郵局，雖然她曾在哈羅藝術學校上過一點時尚課程，卻完全不打算往這方面發展。

ART？

像我這麼平凡的人，怎麼靠藝術賺錢？先想辦法餬口才是最重要的。

藝術家是會餓肚子的職業，我要選擇穩定的生活。

ART？

搖頭搖頭

不過，日常生活中，還是難掩她天生的手藝和品味。

New Look
是流行？

Dior

她喜歡打扮自己。

我的天啊！比我的月薪還貴。

ristian Dior

她曾經修改學校制服，做成當時流行的款式。

鏘鏘～

但她那時候做夢也沒想到自己會進入時尚業。

藝術能填飽肚子嗎？穩定的工作比較好～

我是最佳媳婦人選

結果薇薇安當上老師，教授小朋友知識。

後來她嫁給德瑞克‧魏斯伍德，生下兒子班傑明，過著平凡的日子。

不過她在1965年跟德瑞克離婚，遇見一個男人，扭轉了她的人生。

就是這個金色鬈髮男人！

這裡先來介紹一下這位在她生命中不可不提的神祕男子。他是個名副其實的麻煩人物。

所謂的文化，就是從製造問題開始的～

麥拉倫McLaren

他從藝術學校畢業後，沉迷於時尚與音樂，是個社會反抗者。尤其，他認為搖滾精神是世上最重要的東西。

ROCK'N'ROLL

喔耶耶耶耶耶耶！搖滾滾滾滾滾！

曾是國小老師的薇薇安，瞬間愛上具有這種傾向的麥拉倫。

天啊！好帥～叛逆的氣息～

不，或許是潛藏在她心中的叛逆被麥拉倫引導出來了。

喚醒你體內的搖滾精神吧！

1970年某一天，在麥拉倫的勸誘下，兩人一起在倫敦英皇道430號開了第一家時裝店。店名也很符合他們的個性。

LET IT ROCK

DESTROY

1970年代，追求愛與和平的嬉皮文化，及強調性愛、破壞的龐克文化是英國社會的主流。

這時候，「Let it Rock」推出麥拉倫設計的Teddy Boy服飾和代表搖滾的街頭時尚。

Teddy Boy風格

長外套

緊身褲

尖頭鞋

有趣的是，麥拉倫不斷地更改商店的名字。

這個名字不膩嗎？要不要換？

開幕又還沒多久。

兩年後的1972年，他將店名換成皮外套的廣告詞「Too Fast To Live, Too Young To Die」，引領粗獷、野獸派的街頭時尚。其中，他們販售的皮外套是會讓人聯想到變態性慾的單品之一。

偶像團體Big Bang的G-Dragon將這句話刺在身上

隨著時間流逝，他們的時尚偏好越來越變態。
又過了兩年，他們把店名改成更赤裸的「SEX」，走向前衛的巔峰。他們用色情裝潢店面，販售性感服飾和幻想服飾。

麥拉倫親自在招牌上用油漆寫下自己的哲學：「偽裝總是穿著衣服，但真相熱愛赤裸。」

當時，他們設計的T恤結合了納粹標誌和英國女皇的照片，加上「破壞Destroy」等偏激的單字，還因販售印著同性戀牛仔的衣服，被以妨害風化罪起訴。

就這樣過了兩年，1976年他們再度更改店名。新的名字是「Seditionaries（叛亂者）！」這裡可以說是倫敦第一家真正販售龐克衣服的店，為日後的英國龐克時尚帶來很大的影響。

儘管麥拉倫和薇薇安設計了一般人跟社會普遍不接受的服飾，但他們推出的作品——尤其是「Bondage Suit（束縛裝）」——卻在英國的龐克時尚史留下重要的一筆。

他們設計了帶有鉚釘和鍊條的服裝，也推出破損衣服、用皮革線纏繞身體的衣服等前衛風格，表現對於現存規則和體制的反抗。這種風格在英國年輕人之間迅速擴散，主導1970年代的英國龐克時尚。這時期的設計，對薇薇安日後的風格具有關鍵性的影響。

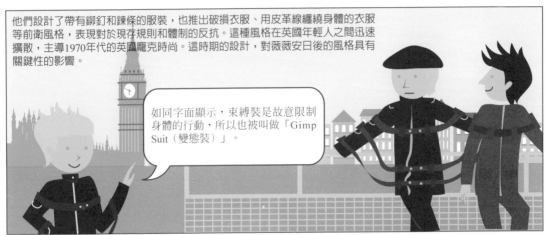

如同字面顯示，束縛裝是故意限制身體的行動，所以也被叫做「Gimp Suit（變態裝）」。

到了1980年代，薇薇安逐漸覺醒，認為自己是個時尚設計師，開始脫離麥拉倫主導的設計。

從現在起，我想用我的名字，推出我的作品！

好，這正是我所期待的！你就盡情地發揮吧！

她拋開從前那些挑戰禁忌的風格，思考各種文化和歷史。

我想使用奇特文化的歷史符號，但破壞跟反抗是無法捨棄的魅力要素。難道無法融合兩者嗎？

此時，她所選擇的主題是海賊。海賊是歐洲歷史的一部分，而他們的犯罪行為等同於反抗，這就是她要的「歷史與反抗的絕妙結合」。

1981年3月，薇薇安·魏斯伍德用自己名字推出的第一個系列「The Pirate（海賊）」，揭開了面紗。她引用19世紀的海盜黃金期，呈現浪漫的龐克時尚，這種風格被稱為薇薇安·魏斯伍德策動的「新浪漫主義運動」，受到國際矚目。

為她創作第一場時裝秀音樂的人，依舊是充滿藝術感的麥拉倫。

用Rap音樂！

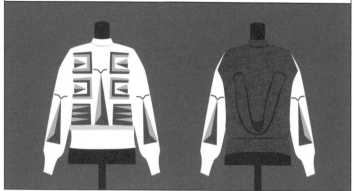

此後，薇薇安持續推出融合多元文化的作品。在1982年的春夏時裝秀，她發表了富含原住民文化的作品「Savage（野蠻）」。

1983年的秋冬時裝秀上，她發表了靈感來自於塗鴉畫家凱斯·哈林的「Witches（女巫）」，獲得滿堂采。而這也是麥拉倫幫薇薇安的最後一場秀。

oversize的雙排釦外套是特徵～

1984年，薇薇安·魏斯伍德和麥拉倫分道揚鑣，移居義大利，持續發表新作品。就像海賊系列，她具有獨特的熱情與品味，擅長利用現代手法重新詮釋過去的東西。其中，以1985年發表的「Mini Crini（迷你箍裙）」最具代表性。

這套系列結合維多利亞時代襯裙和芭蕾舞短裙，展現性感風情的同時，也給人有趣、活潑的印象，彷彿從漫畫中躍出。

1987年 哈里斯斜紋呢Harris Tweed系列
「哈里斯斜紋呢」系列的靈感汲取自英國女王伊莉莎白二世，推出公主風格的外套、夾克，展現傳統的英國剪裁。值得注意的是，束腹首度化身為外衣，不同於過去，成為舒適又實用的衣服，令人驚嘆。

1993 F/W

產自蘇格蘭的粗花呢和格子呢（Tartan）織品，亦是薇薇安·魏斯伍德的商品標誌。繼哈里斯斜紋呢系列之後，粗花呢和格子呢的服飾透過許多發表會持續亮相。傳統的英國文化及象徵反抗的龐克文化遇上這種經典的織品，顯現薇薇安·魏斯伍德獨特的融合技巧、豐富的色彩和各式各樣的格紋組合。

尤其格紋包在年輕階層掀起一股人氣旋風，成為薇薇安·魏斯伍德配件的熱銷商品。從鞋子上也能看出她誇張、扭曲的設計風格，和拒絕平凡的反抗氣質。

與反抗的個性相稱，薇薇安也經常參與公共事務。她與英國市民團體「Liberty」攜手推出限量T恤，上面的標誌瞬間擄獲人心。

我不是恐怖分子。請不要抓我！

以獨特的世界觀和設計構築固有領域的薇薇安‧魏斯伍德，自1990年代開始將觸角延伸到全世界，橫掃許多獎項。

BRITISH FASHION AWARDS

1990年，1991年

年度英國設計師！薇薇安‧魏斯伍德！

她從伊莉莎白二世手中獲得大英帝國勳章後，2006年又被授予騎士爵位，對英國時尚的貢獻受到官方的肯定。

Vivienne Westwood

許多明星都很喜歡她的服飾，流行歌手關‧史蒂芬妮更是出了名的狂熱粉絲。收錄在2004年專輯《愛‧天使‧音樂‧寶貝》的〈拜金女孩（Rich Girl）〉中，甚至出現有關薇薇安‧魏斯伍德的歌詞。

Think what that money could bring
I'd buy everything
Clean out Vivienne Westwood
俗話說，有錢能使鬼推磨。就讓我任性揮霍，包下整家Vivienne Westwood！
——〈拜金女孩〉

打破禁忌，卻也展現出古典感的薇薇安‧魏斯伍德，以龐克的題材跨越英國時尚史，在世界時尚史上留下一筆。往後，她將繼續推出充滿詼諧的獨特作品，豔驚四座。

2011 S/S

2011 F/W

16. 薇薇安・魏斯伍德

文獻 *Vivienne Westwood: A London Fashion, with Romilly McAlpine,* London, 2000.
Colin McDowell, *McDowell's Directory of Twentieth Century Fashion,* Prentice-Hall, Inc., 1985.

Catherine McDermott, *Street Style: British Design in the 1980s,* London, 1987.

Sarah Gilmour, *20th Century Fashion: The 70s: punks, glam rockers & new romantics,* Heinemann Library, 1999

Anne Stegmeyer, *Who's Who in Fashion,* New York, 1996.

Gene Krell, *Vivienne Westwood,* Paris, 1997.

Jo Craven, <Vogue.com>, 2008. 4. 22

網站 viviennewestwood.com <Vivienne Westwood Official Website>
deyoung.famsf.org <De young Fine Arts Museums of San Francisco Official Website>

vam.ac.uk <Victoria and Albert Museum Site>

thebiographychannel.co.uk <TV Channel "Bio" Official Website>

vogue.com UK

infomat.com <Fashion Industry Search Engine "We Connect Fashion">

yourfictionary.com

thefashionspot.com <Fashion Forums site by The Fashion Spot, LLC>

seditionaries.com

17

Calvin Klein
凱文・克萊
1942～

看到我的名字出現在別人的臀部，是件有趣的事。
我喜歡這樣。

凱文・克萊率先導入高價設計師牛仔褲的概念，並以煽情的
廣告行銷獲得極大的成功，後來推出的內衣褲、香水系列也
創下世界熱銷的紀錄。目前品牌Calvin Klein分成最頂級的
Calvin Klein Collection（高級時裝）和較為低價的CK Calvin
Klein（流行成衣）、Calvin Klein Jeans（牛仔褲），並推出
內衣褲、香水、手錶、墨鏡等包羅萬象的配件。

代表今日美國時尚界的設計師中，有許多猶太移民。

我？

是在說我嗎？

凱文‧克萊也是其中之一。

不是你，是我！這次的主角是我！

凱文‧克萊是美國移民，出生在匈牙利裔的猶太家庭。我們來看看他的成功故事吧！

與勞夫‧羅倫一樣，凱文‧克萊也在紐約的布隆克斯區度過童年。

那小子的時尚品味真不錯！

他是誰？這區居然有個跟我品味相當的小孩……

在和睦家庭裡長大的他，從小就對時尚開竅，進入產業藝術設計高中就讀。

為什麼他不像其他小孩去踢足球，每天都窩在家裡畫圖呢？

就是說啊～我們家族又沒有藝術家，他是異類。

總之，我的兒子真有品味。

高中畢業後，凱文考上紐約時裝學院FIT。

FIT Fashion Institute of Technology

在那裡，他遇到了同校的第一任妻子珍妮。

什麼？第一任妻子？你以後會跟別的女人交往嗎？！

喔？那個……總而言之……

302

1962年，他在紐約第7街的時裝店「Dan Millstein」開始實習，過著白天工作，晚上做設計的生活。

後來他自立門戶，當了幾年的自由設計師，接受紐約許多時裝店的委託，幫他們設計服飾。

喔？上次設計的衣服終於上市了。

但沒有人知道這件衣服是我設計的。我要幫別人的品牌做設計到什麼時候？

我也想用自己的名字做設計！

此時，凱文的朋友史瓦茲（Barry Schwartz）向他伸出援手。

我資助你。如果是你的話，一定會成功。

於是，1968年凱文的第一家店就開在紐約曼哈頓的約克飯店裡，販售女用外套等服飾。

YORK HOTEL

Calvin Klein

凱文，經營就交給我負責，你只要專心設計就好。

謝謝你，朋友。

然而，尚未在紐約時尚界闖出名號的他，在開店初期幾乎沒什麼營收……

店裡面只有蒼蠅。

某一天

〈約克飯店電梯〉

叮～

喔？我按錯樓層了嗎？這裡是幾樓？

嗯？怎麼會有服飾店？

？

啊，有客人！歡迎光臨。

不小心下錯樓，偶然來到Calvin Klein商店的這位女性，是當時紐約大型服飾賣場「Bonwit Teller」的採購。

設計滿有品味的。

這件很適合您，客人～

哦，看她打扮得很高雅，好像會買很多。

我逛得很開心，下次再來。

就這樣走掉嗎？

呃啊！她逛得那麼認真，卻一件也沒買。

但是幾天後，她便訂了大量的外套。

什麼？5萬美金？謝謝您！

很快地，凱文·克萊的服飾在 Bonwit Teller的櫥窗，開始引人注目。

這場偶遇導致的小事件，瞬間扭轉了凱文·克萊的命運。凱文·克萊受到時尚媒體的好評，不久便登上《VOGUE》雜誌的封面！

令人想起極簡主義的超級大師凱文·克萊！

逐漸獲得名氣後，他開始擴張事業版圖。1971年運動服飾發售，1974年他終於跨出美國，得到全世界的矚目，進而推出Calvin Klein的流行商標。

那就是 Calvin Klein Jeans！

當時，牛仔褲在美國不被認為是時尚單品。

牛仔褲是工作穿的衣服。

沒錯，沒錯。用來當作業服最好。

無關乎品味，大眾最愛穿的衣服就是牛仔褲。

此時，凱文·克萊為牛仔褲界帶來革新。

我要把牛仔褲變成一種時尚。

因此，非單純的牛仔褲品牌的「設計師品牌牛仔褲」首度誕生。

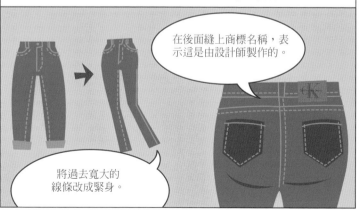

在後面縫上商標名稱，表示這是由設計師製作的。

將過去寬大的線條改成緊身。

這算是美國設計師的特徵嗎？和勞夫·羅倫一樣，Calvin Klein Jeans的成功，天才般的行銷占了很大的部分。

我的廣告每次都會引起爭議！

凱文‧克萊的廣告醜聞始於1980年。當時年紀才16歲的小演員布魯克‧雪德絲（Brooke Shields）在電視廣告上，說出挑逗的台詞，這在當年是十分駭人聽聞的手法，引起了激烈的爭議。

You wanna know what comes between me and my Calvins? Nothing.

你想知道我跟Calvin Klein之間有什麼嗎？什麼都沒有。

嘿嘿嘿嘿

天啊，好難爲情。

沒穿內褲的意思嗎？

1995年的廣告也發生問題。這支廣告的內容是一個聲音噁心的中年男子，在倉庫用攝錄影機訪問穿著CK牛仔褲的少女。

你叫什麼名字？幾歲？在哪出生？

無論是訪問內容或氣氛都很微妙，刺激觀衆的感官。

啊？

很無聊嗎？要不要跳個舞？

這比Calvin Klein的其他廣告遭到更多的指責，媒體每天都在批評他的廣告。

美國
《富比士》

1995年
最爛的行銷!!
Calvin Klein!!!

反色情社團和天主教聯盟也公開譴責Calvin Klein。

居然拿少女當賣點！
你瘋啦?!

哦，主啊！
請原諒凱文‧克萊。

情況越演越烈，最後甚至連美國政府和FBI也出面。

我們盡快調查
凱文‧克萊利用兒童
拍攝色情廣告的嫌疑。

他們為了找出牴觸法律的部分，仔細地調查了Calvin Klein。

Calvin Klein

翻來翻去

然而，他們找不到任何觸法的部分。

我們正式宣布這支廣告不是兒童色情。

但受到大眾殘酷指責的Calvin Klein，最終仍因輿論中止廣告的播出。

不過，Calvin Klein已經成為大家的討論話題，反而變得更有名。

CK.

凱文‧克萊

CK.

聽說那個很性感？

因爭議廣告而受到矚目的Calvin Klein Jeans，一上市就展現首周銷售20萬件的氣勢，之後每周還賣出4萬件以上。

不僅是牛仔褲廣告，Calvin Klein的香水廣告也美化了沉迷於毒品的青少年模樣。

因再度引起的廣告風波，這次連當時的總統柯林頓也必須出面。

不要做這種讓吸毒看起來很有魅力的廣告！

就像這樣，Calvin Klein的廣告總是爭議焦點。

但Calvin Klein也因此越來越有名，對我來說是件感激的事！

為牛仔褲產業帶來革新的凱文‧克萊，後來把他的威力延伸到內衣褲市場。

當時，男性內褲只是扮演機能性的角色。

內褲？為什麼要花錢在不外露的東西上？只要能保護重要部位就好了。

但Calvin Klein的內褲不一樣。他把內褲設計得跟外衣一樣有型的同時，也延續牛仔褲的做法，將自己的名字繡在醒目的地方。

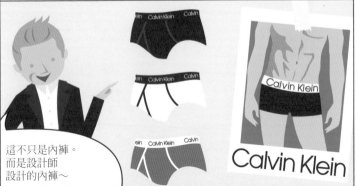

這不只是內褲。
而是設計師設計的內褲～

男性的反應相當熱烈。

好好看。

我想買。

要花錢在內褲上了。

他在女性內衣褲的設計上，也展現史無前例的面貌。

誰說女性內褲一定要有蕾絲、緞帶和花紋？

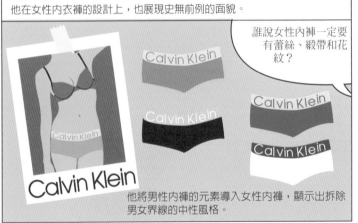

他將男性內褲的元素導入女性內褲，顯示出拆除男女界線的中性風格。

這也獲得了大成功。Calvin Klein每年靠內衣褲賺進7千萬美金，鯨吞了內衣褲的市場。

另一方面，他的私生活也是大眾關心的話題。他在1974年與第一任妻子珍妮離婚，

1986年和他的前助理凱莉（Kelly Rector）結婚。

他的傳聞還包括了同性戀和嗑藥。

全都是假的！

不過，無論是哪個醜聞，對凱文·克萊的事業都沒造成阻礙。
繼牛仔褲、內衣褲系列之後，Calvin Klein還有一個主要收入來源，那就是
香水。

當時習慣區分男用或女用的香水，他卻推出男女可以共用的產品，在香水界造成一股男女不分（unisex）的新旋風。

是我的。

說什麼笑話！

其中，1993年發售的「CK One」至今仍是銷售量最高的香水之一。

香水界的暢銷商品！

凱文·克萊的設計濃縮了時髦感與高尚感，並以沒有半點累贅的簡約風格聞名。

他經常使用自然的顏色，特別討厭多餘的裝飾。

我從來沒有喜歡過衣服上有醜陋裝飾的女人～在我看來只覺得愚蠢。

牛仔褲和內衣褲的革命、香水系列的成功、Calvin Klein特有的摩登設計，使他在1996年被《時代》雜誌選為25位最具影響力的美國人之一。

並從1973年到1975年，連續三次榮獲Coty獎。

當時還創下最年輕設計師的紀錄～

1999年，凱文‧克萊為了更進一步地發展事業，公開發表聲明。

不管是合併、拋售，什麼方法都好，能夠培養Calvin Klein的人請與我聯繫。

除了LVMH和PRADA、GUCCI，同樣是美國設計師的勞夫‧羅倫也表現出興趣。

要不要買？

滿有興趣的……

經過許多的協商，Calvin Klein在2003年賣給PVH集團。

PVH

PHILLIPS-VAN HEUSEN CORPORATION

當時凱文‧克萊要求的條件是：4億美金的現金、3千萬美金的股票，以及日後15年間的經銷權。

成交？

OK，成交！

雖然凱文‧克萊就此引退，品牌Calvin Klein每季仍以簡單俐落的設計展現明確的風格，成為美國的代表品牌，顯耀它的潛力。

2000 F/W

2003 S/S

2008 F/W

2011 S/S

17. 凱文・克萊

文獻　Steven Gaines, Sharon Churcher, *Obsession: The Lives and Times of Calvin Klein*, New York: Carol Publishing Group, 1994.

Caroline R. Milbank, *NY Fashion: The Evolution of American Style*, New York: Abrams, 1989.

<Fortune>, 1997. 1

網站　thebiographychannel.co.uk <TV Channel "Bio" Official Website>
nymag.com <New York Magazine Official Website>
infomat.com <Fashion Industry Search Engine "We Connect Fashion">
biography.com
woopidoo.com <Business Leaders Biographies Site>

18

Jil Sander
吉爾‧桑達
1943～

我相信簡樸中存在奢華。
我喜歡表現更勝於單純。
極簡的表現可能會變得空虛。

1990年代，世界興起一股極簡主義的熱潮，先鋒就是德國的
代表設計師——吉爾‧桑達。她以含蓄、純粹的極簡主義為
基本概念，推出單色、端莊又樸素的外套和套裝、毫無裝飾
的高級襯衫和洋裝，打造她特有的風格價值。歷經PRADA
集團，目前隸屬Onward Holdings公司的JIL SANDER，正由
比利時出身的設計師拉夫‧西蒙（Raf Simons）擔綱設計。

1980年代，進入社會的女性力量越來越強大。

原本只限於家庭角色的女性漸漸有了職業，開啓職業女性的時代。

這也對女性服裝帶來很大的變化。

與其中看不中用的衣服，我都買爲職業女性設計的套裝。

此時，有個品牌受到職業女性的熱烈支持，那就是JIL SANDER。

JIL SANDER

JIL SANDER的創始人吉爾·桑達，本身也是職業女性之一。

出生於德國漢堡的吉爾·桑達，自克雷費爾德的紡織工程學校畢業後，以交換學生的身分在洛杉磯大學就讀兩年。

完成所有學業後，她回到德國，在女性雜誌《petra》擔任時尚編輯。

petra

並在1967年，以24歲的年紀回到故鄉漢堡，用自己的名字開了一家JIL SANDER時裝店。

JIL SANDER

剛開始她販售其他設計師的服飾，也販售自己設計的衣服。

桑麗卡的在那邊～
我的衣服在這邊～

1973年，在巴黎舉辦自己的服裝秀，結果卻是完全慘敗。

搞什麼？線條怎麼這麼平？

是不是該加點緞帶啊？

失敗主因出在當時的潮流。由於色彩繽紛、運用許多裝飾的華麗服飾蔚為流行，吉爾·桑達卻推出完全相反的風格。

巴黎人不接受她的衣服，但她堅持不改自己的風格。

我的風格遲早有一天會被接受，走著瞧。

吉爾·桑達的風格雖然簡約，卻從線條中散發魅力。

跟ARMANI一樣的俐落線條。

JIL SAN

而且使用高價的頂級布料，做工精緻是基本。

無可挑剔的優秀品質！

她避免強烈的顏色和亮眼的印色，將不必要的裝飾減到最少，展現極簡主義的精髓。

即使沒有裝飾，從布料本身就散發出高級感。

因為這種特徵，她得到許多稱號。

極簡主義大師！

內斂女王！

時尚化約主義者！

化約主義（Reductionism）：以一個基本的東西說明複雜、多元的東西。

此外，她的服飾能輕易搭配其他單品。就算彼此交叉穿搭，也能完美呈現。

像洋蔥一樣穿上很多層的衣服，稱為洋蔥穿搭法～

吉爾·桑達的衣服品質優秀，價格也相對很高，

你的衣服太貴了！

如果你要求品質，不就必須負擔相等的費用嗎？

但她的衣服完全符合職場女性的需求。

適合任何時間、地點、情況的衣服！

端莊卻又不平凡的洗練設計！

此外，掌握職業女性的心理也是成功的要點。

我想要看起來像能力優秀、聰明又時尚的都會女性。

還要自信跟優雅。

吉爾·桑達深知這種職業女性的欲望，為她們提供了完美的衣服。

在70～80年代只有少數人喜愛的JIL SANDER，到了極簡主義流行的90年代，獲得驚人的支持。

看看我完美剪裁的褲子。

我優雅的襯衫怎麼樣～

JIL SANDER在成功大道上奔馳，迅速跨出歐洲，將事業拓展到亞洲和北美。

1997年，男性也能穿JIL SANDER的高級西裝。

男裝比照女裝，採用高品質的布料和完美的裁縫，推出後也備受喜愛。

哦～從花色就很不一般！

1998年，JIL SANDER與美國運動品牌PUMA聯手推出運動鞋，受到運動鞋收藏家的熱烈歡迎。

吉爾‧桑達是出了名的完美主義者，親手統治自己的事業。

從設計、布料選擇到品質檢驗，我要一手包辦。

從賣場設計到內部的所有小細節，甚至是賣場員工站的位置，她都要親自決定才過癮。她的脾氣在時尚界眾所周知。

經理站在那邊。

你聽不懂人話啊！

欸，霸道將軍來了。快跑。

員工1在這！員工2在那！

打哆嗦

你的頭髮是什麼鬼樣?!

連要公開使用的照片也逃不過她的掌心。

雜誌社嗎？關於上次拍我的照片，著作權我全部買下來，沒我的允許，不准亂用。

看起來很老

一切都要在自己完美的掌控下，她才覺得滿意。

全都要聽我的話。哈哈哈哈哈！

即使她的個性如此強硬、固執，站在大眾面前卻十分害羞。她不愛談論私生活，拒絕訪問，被視為神祕人物。

吉爾‧桑達　吉爾‧桑達　害羞

面臨2000年代的到來，JIL SANDER不再是家小公司。

公司越來越大，我自己管理太累了，需要一個能跟我一起領導公司的夥伴。像我一樣的完美主義者！

結果，1999年PRADA集團買下JIL SANDER的75%股份。

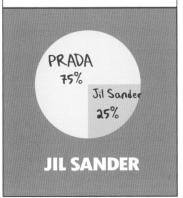

PRADA 75%
Jil Sander 25%

JIL SANDER

經營交給PRADA集團負責，而她則回到設計師的身分，全心投入創作。

然而，決定跟PRADA合併時，她還不知道一件事。那就是PRADA集團CEO貝特里的性格。

貝特里是個脾氣火爆的義大利人。

在PRADA篇有見過我吧？

MONEY!! VS. QUALITY!!

使用這個昂貴的布料，利潤就剩沒多少。拜託妳用便宜一點的布料，減少成本。

不懂就不要裝懂。我設計的生命來自於高級布料。

但吉爾·桑達也不是好惹的。

還有，妳做的設計完全不符合潮流。如果流行變了，就要順勢改變一下，這樣才有人要買。

我不是為了這樣才跟PRADA合併的！

兩個牛脾氣的人一吵架就是沒完沒了，合併後的6個月，吉爾·桑達離開自己打造的JIL SANDER。

我無法再幫你做事了！

誰怕妳啊？要走就走啊！

驚人的是，吉爾·桑達並未因此陷入絕望。

啊～我終於可以休息了～

對過去一直被工作纏身的她而言，這是生平首次脫離忙碌的生活，能夠享受悠閒的時刻。

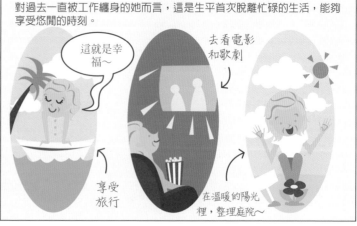

這就是幸福～

去看電影和歌劇！

享受旅行

在溫暖的陽光裡，整理庭院～

在她享受假期的期間，品牌JIL SANDER變成怎樣呢？

沒有吉爾‧桑達的JIL SANDER，就像沒加黃蘿蔔的海苔捲。

如果吉爾‧桑達不做JIL SANDER，就不是JIL SANDER了！

貝特里後來也發現，JIL SANDER要有吉爾‧桑達在才行。

過去的事就忘了，我們重新合作吧。請你回來。

於是，離開JIL SANDER三年後的2003年春天，她再度回到自己的位置。

JIL SANDER

全球媒體盛大歡迎吉爾‧桑達的回歸。在眾人祝福聲中完成的2004年春夏成衣系列，推出含有吉爾‧桑達的特色，並比之前更女性化的設計，獲得一致好評。吉爾‧桑達就此重生。

但世上最難的事，就是改變人的個性。貝特里和吉爾‧桑達又開始不和。

轟隆隆　　　　轟隆隆

結果2004年11月，她再度提出辭呈。

哼!!

果然不和。

用那種個性好好生活吧。

極簡主義女王離開JIL SANDER後，發展如何呢？離開時尚界一段時間，在故鄉德國休息的她，於2009年重回舞台。她與日本最大的休閒時尚王國UNIQLO攜手合作，用自己名字的縮寫在UNIQLO推出「+J」系列，為大眾帶來獨特的簡潔感和高級感，開拓一條全新的設計之路。

2000 S/S

2004 S/S

2004 S/S

18. 吉爾・桑達

文獻 Anne Stegemeyer, *Who's Who in Fashion,* New York, 1996.
Lauren Goldstein, 10 Questions: Jil Sander, <Time> 2003. 9. 9
Edward Gomez, 'Less is More Luxurious', <Time>, 1990, 6. 25
'A Walk with Jil Sander', <W>(New York), 1991. 10
Eve Schaenen, 'Minimalist No More', <Harper's Bazaar>, 1993. 3
Hal Rubenstein, 'The Glorious Haunting of Jil Sander' <Interview> 1993. 9.
Amy M. Spindler, 'Luminous Design from Jil Sander', <the New York Times>, 1995. 3. 8
'Jil Sander: Coming on Strong', <WWD> 1995. 3. 8
Janet Ozzard, 'Jil Power', <WWD>, 1995. 5. 17
Melissa Drier, 'Jil Goes Home', <WWD>, 1997. 9. 29

網站 jilsander.com <Jil Sander Official Website>
cbc.ca <Canada National Broadcaster. Radio-Canada Official Website>
infomat.com <Fashion Industry Search Engine "We Connect Fashion">
style.com <New York fashion runway, trend reporting. forums website>

19

Paul Smith

保羅・史密斯

1946～

我堅決不看時尚雜誌。
我不想讓別人在做的東西
造成我腦袋混亂。

在全世界興起一股「機智（wit）」熱潮的保羅・史密斯，推翻男性西裝嚴肅又單調的刻板印象，從衣服鈕釦、領帶到外套的內襯等所有要素，都添加了令人會心一笑的幽默感。被視為保羅・史密斯標誌的彩色條紋，現在更跨越服飾，出現在裝潢用品、汽車，甚至是水瓶上。他的機智與獨特使他的設計既端莊又能散發個人品味，受到全球消費者的歡迎。

如果是對時尚有點關心的人，應該一眼就能認出這個條紋花色代表誰。

他就是在保守的英國傳統西裝增添風趣的設計師，保羅‧史密斯。

保羅‧史密斯出生於英國諾丁漢，小時候是個熱愛自行車的少年。

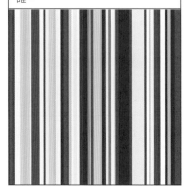

當時他對時尚一點興趣也沒有。

時尚怎麼拼？

我想想⋯⋯
f⋯a⋯s⋯

???

他第一次接觸時尚界，是在15歲的時候，而且還是在裁縫師父親的強迫下。

不要老是去騎自行車。

Birdcage Boutique

從今天開始在這裡工作，賺自己的零用錢。

啊？服飾店？

但他一點也不喜歡在服飾店的工作。兩年的工作期間，他最開心的時光就只是從家裡到店裡，和從店到家裡的時候。為什麼？因為可以騎自行車！

服飾店是什麼東西！我要成為自行車選手！

然而，某天卻發生一件事，使他的自行車選手夢想破滅。

軋咿咿咿

砰！

他騎自行車的時候，出了意外。

因為這件事，他在醫院住了6個月，並認識新的朋友。

你怎麼會住院？

我1對17個人打架～

終於到了出院的這天。

改天見。

好，知道之前說的那家酒吧吧？

保羅與住院時結交的好友再度相遇。

保羅，這裡、這裡。

啊，你好！

恰巧這家酒吧是附近藝術學校學生愛來的地方。此時，保羅·史密斯第一次被學習藝術的藝術家包圍，對設計開竅就是在這個時候。

安迪·沃荷的作品世界就是這樣那樣……

最近時向潮流就是這樣那樣……

原來世界上有這些人啊！我也想像他們帥氣地活在藝術世界。

從此之後，保羅開始覺得在服飾店工作是件有趣的事。

要不要換一下擺設？

喂，保羅，你在幹嘛？

我想改變櫥窗擺設～

嗯？原來你有這個天分？

鏘鏘！

社長發現保羅的才華，立刻交給他男裝採購的任務。

我覺得你辦得到！

什麼？我嗎？

於是，保羅正式進入男裝的世界，在擔任採購時學到了很多東西。

他也去朋友開的服飾店幫忙，擔任店經理，累積經驗。

在1967年的某天，他遇見了能帶給他力量的少女。那就是他後來的妻子——寶琳（Pauline Denyer）。

保羅，你要不要也開一家自己的服裝店？如果是你的話，應該能做得很好～

自己的店？

我會幫你，我們一起來開創事業吧～

好！只要有妳在我的身邊，什麼都難不倒我。

在寶琳的鼓勵下，1970年保羅・史密斯用存款600英鎊，在諾丁漢的陋巷裡開了一家小店。

但是他不夠錢經營店面，所以只有周五和周六營業。

沒關係。沒開店的日子就去念設計！

沒有營業的時候，他白天就當兼職設計師，晚上則去專門學校進修時尚設計課程。

剛開始他是拿知名設計師的衣服回來賣。當時，在英國倫敦以外的地區販售頂尖設計師服飾的店家，就只有Paul Smith。

天啊！在鄉下地方居然買得到高田賢三的衣服。

您想要的，這裡應有盡有。

他也慢慢推出自己設計的衣服，就在差不多站穩腳跟的時候，

我想在倫敦市區開一家有品味的店。

他聚集資金前往倫敦，仔細尋找適合開店的地方。

終於，他在科芬園Floral Street發現了一間小麵包坊。

那裡超讚！就是那裡！

保羅‧史密斯馬上去找房東。

請把那間店賣給我。

好，3萬英鎊。

資金不足的他跑了一趟諾丁漢銀行，

我想借1萬英鎊。

但他的穿著醒目，帶給銀行員工不好的印象。

不讓人信任的穿著

嗯？這人是怎樣？那條紅色領巾是怎麼回事？好奇怪，一副就是不會還錢的打扮。

對不起，目前銀行沒有錢。

NO!

他無法在一個地方借到那麼大筆錢，只好到處去借，勉強湊到了資金。

諾丁漢銀行

約克郡銀行

Paul Smith 的裁縫師

最後，保羅‧史密斯終於在倫敦準備好店面。

連一毛錢都不剩？

但是，他的錢全用來買店面，再度碰上沒錢經營店鋪的窘境。

每次都這樣……

結果，買了店面3年後的1979年，保羅‧史密斯才能正式開店。

終於在倫敦開店了。

保羅‧史密斯形容自己的設計是「Classic with a Twist」。

Classic
+
Twist

雖然經典歸經典，卻是有點與眾不同的經典。

首先，他從上流階層基本的經典剪裁、手工製的西裝著手設計。

十分典雅

十分穩重

不過，他在經典設計中添加一些諷刺、幽默，偶爾看起來會很蠢的元素。

科 科 科 科 科 科 科 科 科 科 科 科 科 科

例如：帥氣的西裝外套搭配牛仔褲，

把端莊的西裝外套領子換成看似廉價的華麗絲綢。

閃亮閃亮

絢爛的花色～

或是用過氣的鄉村風花布做成男性襯衫。

我叫做俊～

2005 F/W

2005 S/S

2008 F/W

2005 F/W

他獨特的男裝風格廣受好評。他的男裝打破一般西裝的預期,抓住
大眾的視線,在時尚界造成一股保羅·史密斯潮流。

其中，彩色條紋是最能彰顯保羅・史密斯風格的標誌，
被運用在各種產品上。

他的服飾尤其在日本獲得廣大的人
氣，1984年與日本貿易公司伊藤忠
商事簽約，至今光是在日本就有超
過200家的店面。

另一方面，他在經營Paul Smith男裝
時，發現了一個新的事實。

喔？買我們男裝
的顧客裡，竟然
有15%是女性？

我喜歡那個摩登又古典
的感覺～

在別的品牌找不到
這種感覺……

他發現自己的設計也很符合女性的喜好，為了女性顧客，他在1994年首度推出女裝。另外，他早在1990年發表兒童系列，童裝上同樣也添加了Paul Smith特有的品味。今日，他透過服裝、居家用品、眼鏡、香水等12項產品線，向世人呈現獨特的英國風格，擄獲全球時尚人士的心。

2004 S/S

2004 S/S

2010 S/S

2010 S/S

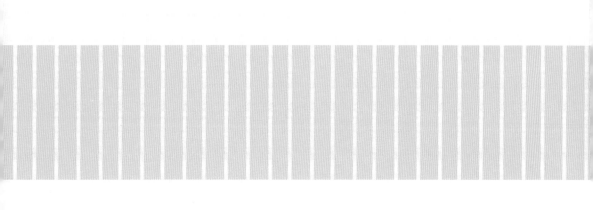

19. 保羅・史密斯

文獻　Paul Smith, *You can find inspiration in everything(and if you can't, look again),* Violette
　　　Editions, 2001
　　　Robert O'byrne, *Style City: how London became a fashion capital,* Frances Lincoln, 2009
　　　Ivan Corsa, *Paul Smith Talking Design With 'True Brit',* Air Massive

網站　infomat.com <Fashion Industry Search Engine "We Connect Fashion">
　　　designmuseum.org <London Design Museum Official Site
　　　londonfashionweek.co.uk <London Fashion Week>
　　　designboom.com
　　　airmassive.com <Global pop culture music zine>
　　　paulsmith.co.uk <Paul Smith Official Website>

20

Gianni Versace
傑尼‧凡賽斯

1946～1997

你要當你自己，不要被潮流迷惑。
別讓時尚控制你，不管你是誰，
你都要自己決定你想用自己的穿衣方式
和生活方式表現什麼。

傑尼‧凡賽斯以蛇髮女妖梅杜莎為品牌象徵，如同這個醒目
的標誌，傑尼‧凡賽斯以大膽、性感和極具魅力的風格著
稱，是一位義大利的代表設計師。1997年，在傑尼‧凡賽斯
悲劇的死亡以後，品牌VERSACE就由他的妹妹，同時也是
靈感繆思的多娜泰拉（Donatella Versace）接手設計，並從
傑尼‧凡賽斯獨有的豔麗、狂放風格中，推出符合現代潮流
的作品。

1997年7月16日，美國佛羅里達州邁阿密。那天也是個溫暖的陽光照射大地，悠閒的午後。

Ocean DR.

跟往常一樣，凡賽斯散完步，手上拿著報紙，走在回家的路上。

享受美式咖啡的我，才是真正的都會男子。

然而，那也是1990年代世界聞名的設計師，傑尼·凡賽斯的最後一天。

砰

他在棕櫚灘的自宅前，慘遭連續殺人犯庫南南（Andrew Cunanan）槍殺，以50歲的年紀離開人間。

傑尼·凡賽斯成為槍口下犧牲者，留下了VERSACE這個世紀品牌，讓我們來看看他的故事吧。

凡賽斯出生在義大利南部的卡拉布里亞。他的母親弗蘭西斯卡，在鎮上經營一家訂製服店。

母親的工作室是他的遊戲間，從小便看著衣服的製作過程長大。

他也喜歡看來店消費的時尚女性。

哇，衣服好漂亮……

這家店的兒子好奇怪……

變態小孩……

9歲時，他甚至能自己做衣服，在母親的店裡販賣。

姊姊，我做的洋裝非常漂亮。請妳穿穿看！

天啊，你不是變態，是天才！

長大之後，凡賽斯成為布料採購，學到很多關於衣服的知識。

25歲時，他前往米蘭，以自由設計師的身分替許多服飾公司做設計。

他累積設計師的經歷，並從中得到信心。1978年，32歲的他開了第一家時裝店VERSACE。

當時，許多設計師開設自己的店面時，都會先以販售知名設計師的衣服為主，中間穿插自己的設計作品。凡賽斯也是如此，但他的華麗設計迅速竄紅，壓倒性贏過其他的商品。

理查·埃夫登拍攝的VERSACE海報（1998年）

當時的時代背景，也為凡賽斯的成功助了一臂之力。1980年代，世界經濟起飛，時尚界是一片榮景，被稱為權力裝飾（power dressing）時期。

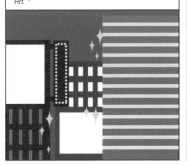

此時，凡賽斯的設計既性感又充滿活力，完全符合權力時代的氣氛！

他的服飾表現出典型義大利女性的高尚與洗練的形象，

另一方面也展露稍微狂放的性感美。

他經常使用鮮豔的顏色，和醒目的華麗花紋。

也會使用罕見素材，如金屬、塑膠、橡膠、皮革等，來製作衣服。

因此，許多想要展現性感風情的女演員，都會買凡賽斯的服飾。

頒獎典禮上，我要比其他女演員看起來更性感，所以一定要買凡賽斯！

他的設計也在戲服上嶄露光芒。凡賽斯對戲劇、音樂、舞蹈等文化藝術領域懷有熱情，這也呈現在他的戲服設計上。從1984年到死前，他與法國芭蕾舞蹈家貝嘉（Maurice Béjart）合作，設計了許多歌劇和芭蕾服飾，贏得熱烈的喝采。

多娜泰拉設計的VERSACE高級訂製服系列「Atelier Versace」的服飾

另一方面，身為凡賽斯生前的繆思，同時也是事業助手的妹妹多娜泰拉，在凡賽斯死亡的1997年以後，繼承哥哥的事業，負責VERSACE的設計至今。

2010 F/W

2010 F/W

2010 F/W

凡賽斯曾公開表示自己是同性戀，與模特兒安東尼奧（Antonio D'Amico）維持長久的戀人關係，直到他死前。

害羞　　害羞

祝福我們永遠的愛。

他生前也因十分疼愛姪女出名。

他對戀人安東尼奧和姪女的愛，在他的遺囑上表露無遺。

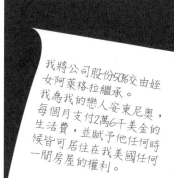

我將公司股份50%交由姪女阿萊格拉繼承。我為我的戀人安東尼奧，每個月支付2萬6千美金的生活費，並賦予他任何時候皆可居住在我美國任何一間房屋的權利。

當時年僅11歲的阿萊格拉（Allegra Versace）一夜間擁有時尚王國VERSACE的50%持股，也成為人們討論的話題。

VERSACE

今日，VERSACE除了Atelier Versace（高級訂製服）、Prêt-à-Porter Versace（成衣系列），也發展出香水、眼鏡、珠寶、居家用品等產品線，甚至在飯店業發揮它的威力。另外，VERSACE手機也在最近亮相，搭上精品界的手機設計熱潮。

尤其，屬於高級訂製服產品線的Atelier Versace，推出許多優雅又奢華的晚禮服，受到無數好萊塢女星的喜愛，經常出現在頒獎典禮的紅毯上。

安潔莉娜·裘莉

黛咪·摩爾

伊娃·朗格莉亞

66屆金球獎典禮

2010年奧斯卡典禮

61屆坎城電影節

以鮮豔性感的服飾，橫掃1980年代和1990年代的義大利設計師——傑尼·凡賽斯。雖然他因悲劇的事故離開時尚界，但他的熱情和風格依然流傳在世。

VERSACE

1988 S/S

1996 S/S

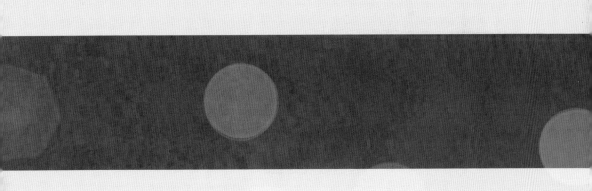

20. 傑尼・凡賽斯

文獻　Clair Wilcox, *The art and craft of Gianni Versace*, V&A, 2002
　　　Jo Craven, 'Gianni Versace', <Vogue.com>, 2008. 4

網站　versace.com <Versace Official Website>
　　　thebiographychannel.co.uk <TV Channel "Bio" Official Website>
　　　infomat.com <Fashion Industry Search Engine "We Connect Fashion">
　　　bbc.co.uk <BBC News Official Website: Ballet tribute for Gianni Versace>
　　　biography.com

21

Jean Paul Gaultier
尚·保羅·高堤耶

1952～

優雅無關乎那個人所穿的衣服，而是品性問題。

從瑪丹娜穿的圓錐胸罩馬甲，到男性穿的裙子，尚·保羅·高堤耶不斷打破刻板觀念，以前衛創新的風格聞名。設計大膽的他，與約翰·加利亞諾、亞歷山大·麥昆並稱為時尚界的頑童。自2003年起，他擔任法國最有傳統的時尚品牌——愛馬仕——的首席設計師，在愛馬仕的經典設計中，添加自己獨特的創意，不斷推出新作品。

被視為歌壇傳說的瑪丹娜有一件衣服，即使過了20多年，仍為人津津樂道。那就是她在1990年巡迴演唱會上穿的舞台服裝。

胸罩像錐子突出的馬甲～

當時，包含這件圓錐馬甲，負責設計瑪丹娜所有的演唱會服裝的人，就是尚‧保羅‧高堤耶。

高堤耶是一位被稱為時尚頑童的設計師。一起來看看他的設計世界吧！

他在1952年4月24日，出生於法國的阿爾戈伊市（Arcueil）。

Bonjour～

他成為時尚頑童的潛力，從小就看得出來。他經常不去學校上課。

蹺課之後，他的腳步總是朝向奶奶的家。

奶奶家最好了～滿滿都是時尚雜誌～

他也常常跟來奶奶家的三姑六婆一起聊天。

姊姊今天的皮膚有點乾燥，要用乳液按摩一下～

天啊

高堤耶從那個時候就對高級訂製服的世界充滿憧憬。

Haute Couture

但他不像其他設計師，在補習班或學校受過正規的教育。

我討厭學校！

我討厭念書！

不過，他有自己的獨特方式。

我要認真設計，直接拿去給設計師看。

他不斷寄出自己的設計圖，直到知名的高級訂製服設計師疲乏為止。

什麼？尚‧保羅‧高堤耶？他又寄？

最後，這個方法成功了。

他的實力越來越好了。真不錯。

皮爾‧卡登被高堤耶的才華和熱情感動，在1970年他滿18歲的那年，正式僱用他為助理。

真有韌性

嘿嘿嘿

高堤耶在皮爾‧卡登工作，首度開始設計實質的衣服。

之後，他又換到雅克‧艾特若（Jacques Esterel）、傑‧柏圖（Jean Patou）的時裝店，持續累積經驗。

1974年，他重返皮爾‧卡登，代表公司到菲律賓的馬尼拉工作，當時他和他的設計擁有高度的人氣。

啊～是高堤耶！

因此，連菲律賓政府都出面挽留他。

請繼續留在我們國家～我們會好好照顧你～

可是我想回家……

他甚至在菲律賓機場被禁止出國。

對不起，你不可以出國。

NO!

他只好說謊，向菲律賓政府動之以情，才得以回到祖國。

我奶奶過世了。嗚嗚嗚嗚，奶奶～

喂，別哭了。

呼，終於能回家了。菲律賓再見～

回到法國的他，為了舉辦自己的發表會，不斷地工作存錢。

然後在1976年10月，將自己第一個女性成衣系列呈現在世人眼前。其中，他發表了許多用圓錐形狀強調女性胸部的馬甲，造成轟動。後來又因瑪丹娜在演唱會穿，再度引起討論。

歷經1980年代和1990年代，他毫不在意他人眼光，做出許多充滿個性的服飾。尤其在1984年推出男性成衣後，他發表和蘇格蘭裙一樣的男裙等，踏出顛覆傳統的腳步。

他的衣服，簡而言之，就是跟平凡相距遙遠的衣服。他挑戰自己所屬時代的主流，創造出大膽的作品。而他這樣的設計傾向，也經常被拿來跟風格相同的約翰‧加利亞諾比較。

充滿無禮、放肆，
令人感到厭惡的設計！

讓人懷疑能否在
平常生活穿的獨創設計！

1989 F/W

1989 S/S

選擇參加自己服裝秀的模特兒時，也充分地發揮他的反抗心。他完全不採用以纖瘦模特兒為主流的伸展台標準。

有奶奶級的模特兒

也有50幾歲的中年模特兒

甚至有胖胖的模特兒！

1988年，他推出童裝產品線Junior Gaultier；接著在1992年，推出從街頭時尚得到靈感的丹寧品牌「Gaultier Jean」。

在他有趣的經歷裡，其中有一個是他在1989年，親自製作、發行一張獨特的舞曲專輯和音樂錄影帶。

再怎麼桀驁不馴的高堤耶，大概也對此感到丟臉，每次只要提到專輯的事，他就會抬不起頭。

啊！好丟臉！
我怎麼會做這種事……

不過，高堤耶之所以能擁有現在的熱情和巨大的成功，都要歸功於從小憧憬的高級訂製服世界。高堤耶透過後來才推出的訂製服系列，如魚得水般地開始爆發他的創意力，每季都展現有別於其他設計師的獨創作品。

在電影服裝上，他的獨特品味也讓人眼睛一亮。例如1997年，他為科幻電影「第五元素」製作充滿科技感的服裝。

「2004 S/S 高堤耶高級訂製服系列」

高級訂製服的成功，為他帶來很大的機會。那就是與愛馬仕的相遇。

愛馬仕的新設計師是尚·保羅·高堤耶。

2003年

傳統淵源又經典的品牌，深受名牌尊敬的名牌，任誰都無法取代的時尚品牌——愛馬仕，選擇了時尚頑童高堤耶！

喜歡挑戰的他能領導愛馬仕嗎？

超級衝突。很新鮮的組合！

人們的擔心只是杞人憂天。從2004年秋天系列開始，他再度展現出全新的樣貌。他守住愛馬仕的傳統，完美融入過去從愛馬仕裡找不到的創意感和幽默感。
此外，2007年春夏系列中，他大膽地摺疊凱莉包，推出使用皮帶綑綁的包包形態，延續他的驚人作風。

愛馬仕 2004 F/W

高堤耶高級訂製服系列服裝

21. 尚‧保羅‧高堤耶

文獻　Shaun Cole, *Gaultier, Jean-Paul(b. 1952),* glbtq. 2002
　　　Colin McDowell, *Jean Paul Gaultier,* Cassell, 2000

　　　Farid Chenoune, *Jean-Paul Gaultier,* Thames and Hudson, 1996

　　　Jo Craven, 'Jean Paul Gaultier', <Vogue.com>, 2008. 4

　　　Sarah Mower, 'Gaultier, Comic Genius', <Metropolitan Home>, 1991. 2

　　　Amy Spindler, 'Jean-Paul Gaultier: France's Homeboy', <the Daily News Record>(New York), 1991. 7. 22

　　　Robert Murphy, 'Gaultier Goes Global', <Daily News Record>, 1999. 1. 10

網站　jeanpaulgaultier.com <Jean Paul Gaultier Official Website>
　　　vogue.com UK

　　　infomat.com <Fashion Industry Search Engine "We Connect Fashion">

　　　biography.com

　　　hellomagazine.com

TV　　<House of Style: Jeal Paul Gaultier>, MTV

22

Dolce&Gabbana
杜嘉班納

Domenico Dolce 1958～
Stefano Gabbana 1962～

發表會結束時，我們從來沒感到滿足。
總是會發現哪裡不完美，
所以我們經常說：
「下一季！」

杜嘉班納是由具有精練裁縫技術的多梅尼科‧多爾切，以及
帶有完美眼光的史蒂法諾‧嘉班納創辦，品牌名稱來自兩人
的姓氏。它以摩登性感的女裝、豹紋服飾、馬甲洋裝、線條
簡潔的男性西裝聞名，瑪丹娜和碧昂絲是該品牌的忠實顧
客。除了服飾、內衣褲、牛仔褲、童裝、香水、配件、泳裝
等產品線，另外還有較低價的休閒副牌D&G。

你知道嗎？大部分設計師設計的衣服，都是給胸部扁平、像竹竿一樣乾瘦的少女穿的。

我？

瑪丹娜

像我這種身材豐滿的女性，根本穿不下44尺寸的衣服！

就在此時，我發現了救世主。他們是兩位充滿魅力的義大利青年，做的衣服總能展現出我豐滿體型的優點。

他們就是多爾切和嘉班納。

我是嘉班納

我是多爾切

年紀較大的多梅尼科·多爾切，從小就受到會做衣服的父母影響長大。

爸爸是裁縫師

媽媽是晚禮服設計師

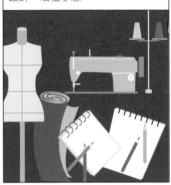

他自然覺得自己以後就要在時尚界工作，便在西西里島攻讀時尚設計，培植夢想。

但是史蒂法諾·嘉班納的情況不一樣。

我要在廣告界工作～

他在大學主修平面設計，夢想有天要在廣告界工作，對時尚毫不關心。

於是畢業後，他實現了願望，進入一間廣告公司。

好膩喔……搞什麼？沒想到廣告工作這麼無聊。

此時，偶然認識的設計師給了嘉班納一個命運般的提案。

你要不要來我米蘭的時裝店工作？

同個時間，多爾切在幹嘛呢？

呀呼！找到工作了！我也是設計師了～～

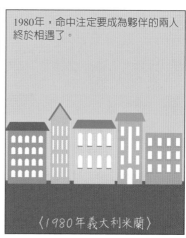

1980年，命中注定要成為夥伴的兩人終於相遇了。

〈1980年義大利米蘭〉

他們兩人工作的時裝店是同一個地方！

你好，我叫多爾切。

你好，我叫嘉班納。

欸，這傢伙還真高。

欸，這傢伙頭上沒半根毛。

兩人在一起工作後，發現彼此氣味相投。

天啊！你跟我的興趣一樣耶～

對啊～我們真是天生一對～

這份友情很快地發展成愛情，

我對你……老是有著奇怪的感情……

其實我也每天晚上都在想你……

兩人便成為事業上的夥伴，同時也是相愛的戀人。

寶貝，我們好好交往吧～

我愛你～

我們相愛了。

於是，1982年，多爾切和嘉班納開了時尚諮詢工作室，開始接案設計。但這時候，兩人在時尚界還是沒沒無聞的菜鳥！

我們一定要吸引別人的目光。

不管什麼都試試看。

起初兩人的資金不夠，所以都在米蘭的小公寓辦發表會，

甚至在速食店舉行服裝秀。

他們沒有能力僱用專業模特兒，只好拜託自己的朋友。

謝謝你們，
高個子朋友。

在這份努力下，關於他們的傳聞逐漸遠播，米蘭時尚界開始關注多爾切和嘉班納。

你有聽過多爾切和嘉班納這兩個新人設計師嗎？

設計超酷的～

他們正朝著時尚的巔峰奔馳！

1985年，兩人的品牌「Dolce&Gabbana」終於誕生，在米蘭時尚秀正式出道，且大獲成功。
他們高級又柔美的服飾迷惑了眾人的心！

他們的代表作品是馬甲洋裝和性感的黑色套裝。而豹紋是Dolce&Gabbana的常用素材。
簡單大方的黑色服飾，使人聯想到魅力十足的職場女性，並襯托出女性性感的一面，成為Dolce&Gabbana的註冊商標。

2001 S/S

2001 S/S

2001 S/S

2004 F/W

尤其是1993年，他們為瑪丹娜的世界巡迴演唱會〈女子秀（Girlie Show）〉，打造了1500套的舞台服裝，讓他們的名聲如日中天。

只要衣服讓瑪丹娜我穿過，每個設計師都會變有名～

男裝在1990年首度亮相，至今仍不斷推出都會洗練的設計。

那Dolce&Gabbana和D&G的差別在哪？如果說Dolce&Gabbana是不盲從潮流的奢華時尚，那1994年上市的D&G就是價格較低、跟隨流行的休閒系列。

此外，他們也擁有內衣褲、眼鏡、童裝和化妝品等產品線。

2010年在Dolce&Gabbana的廣告中，瑪丹娜展露性感又有魅力的主婦形象，也成為當時的話題。

我是全世界最性感的主婦！

另一方面，原本是戀人關係的多爾切和嘉班納，在2005年正式宣布分手。

但他們的夥伴關係並未決裂，兩人依然還是密不可分的搭檔，共同創造Dolce&Gabbana的洗練風格。

沒有像我們這麼了解彼此的人了！

22. 杜嘉班納

文獻 Shaun Cole, *Dolce & Gabbana: Dolce, Domenico and Stefano Gabbana*, glbtq, 2002
Sara Templeton, *Dolce & Gabbana,* WebWombat.com.au
Jo Craven, 'Dolce & Gabbana', <Vogue.com>, 2008. 4

網站 thebiographychannel.co.uk <TV Channel "Bio" Official Website>
vogue.com UK
infomat.com <Fashion Industry Search Engine "We Connect Fashion">
nymag.com <New York Fashion Magazine Official Website>
hellomagazine.com
fashionUnited.co.uk
notablebiographies.com

23

John Galliano
約翰・加利亞諾
1960～

我是幫助女性得到她們所願的共犯。

擅長打造夢幻般的伸展台,也以舞台表演能力聞名的約翰・加利亞諾,不斷推出充滿藝術感的前衛服飾,而他也因非比尋常的才華和熱情,受到大眾的熱烈支持。LVMH察覺了他的天賦,在GIVENCHY之後,委託他擔任Dior的首席設計師,而他也讓Dior的高級訂製服系列華麗重生,躍上世界時尚設計師的寶座。

耀眼陽光遍布的美麗地中海。

在充滿異國風情的市場裡，飄散著柔和的香草味，色彩鮮豔的華麗布料隨處可見。約翰‧加利亞諾就是在西班牙南端的直布羅陀，以及熱情的拉丁文化中度過童年的。

哇，媽媽，顏色繽紛的布料好美。

不過，這樣的生活並未持久。6歲的那年，他們舉家搬到英國。

搞什麼？這個陰沉的灰色都市！

這個來自西班牙的男孩，很快地進入倫敦的小學就讀。

他的穿著打扮在英國男孩之間特別醒目。

原因是……

兒子～你要去哪？

去附近的店買麵包。

約翰‧加利亞諾的家人對於外表的打扮，有著超乎常人的熱忱。

什麼？那你這是什麼打扮！要穿得乾淨一點。

啊？只是去附近耶……

加利亞諾的母親在他出門的時候，總是幫他穿戴整齊。

滿足

得意

……

或許就是這種環境促使加利亞諾進入時尚大門。

後來他進入倫敦的中央聖馬丁藝術與設計學院，學習時尚設計。

他夢想成為偉大的時尚設計師，每天都在學校圖書館畫設計圖。

誰贏得過努力的天才呢？1984年，約翰・加利亞諾以法國大革命為題材，發表他的畢業作品，以第一名之姿從聖馬丁畢業。

他的作品盡是反穿夾克等創新的服飾，讓當時在倫敦經營Browns時裝店的喬安・堡斯汀深受感動。

太美妙了。
我想在我們的店裡販售你的商品。

發表會一結束，他的畢業作品就被陳列在倫敦中心商圈南莫街（South Molton Street）的櫥窗。

剛從設計學院畢業的學生，便能在店裡販售衣服的情況相當罕見。

時尚編輯也對他的設計讚譽有加。多虧如此成功的出道，他畢業後沒多久就成立同名品牌「John Galliano」，並在1985年的倫敦時尚周，發表第一套作品「阿富汗人拒絕西方觀念（Afghanistan Repudiates Western Ideals）」。從這時候開始，約翰・加利亞諾開始獲得極大的關注和投資，勢如破竹。

這個像彗星般出現在時尚界的年輕設計師，於1987年獲頒年度英國設計師獎，1989年在巴黎舉辦的首場服裝秀也在盛況中落幕。

然而，那年他遇到了人生中第一個試煉。過去一直提供財務支援的Peder Bertelsen突然改變心意。

什麼？那是什麼意思？

加上他的服飾雖然在創意和才能方面廣受好評，卻沒有反應在銷售面上，所以免不了碰上金錢問題。

變成窮光蛋的約翰·加利亞諾，開始厭倦他在倫敦的時尚事業。

去巴黎吧！我要在那裡重新開始。

來到巴黎的他輾轉住在朋友家。

你好，是我。

在沒錢舉辦發表會，無法推出新作的情況下，屢次錯過時尚周。

什麼時候才能辦一場秀？

這位先生，請先付錢！

此時，出現了一名拯救他的援軍。當時，在時尚界具有極大權威的美國《VOGUE》總編輯安娜·溫吐爾（Anna Wintour），為了讓約翰·加利亞諾復活，親自出馬。

請你想想看。這種人才因為錢的關係消失在時尚界，這像話嗎？我們要幫助他！

Schlumberger夫人嗎？可以借您的豪宅來當服裝秀場地嗎？

約翰·柏特先生～請您資助約翰·加利亞諾～有我強力推薦，您儘管放心投資。

當時的社交名流Schlumberger夫人願意出借豪宅讓加利亞諾辦服裝秀、吸引巴黎人的注意。

聽說英國來的約翰·加利亞諾要在Schlumberger的豪宅辦服裝秀！

哇～他是有多厲害，居然借到Schlumberger豪宅？

真令人期待

此外，凱特·摩絲和娜歐蜜·坎貝兒等名模也幫他免費走秀。

你知道我們本來是很貴的模特兒吧？

感激不盡。

於是1993年，久違的約翰·加利亞諾揭開1994年春夏作品「露克雷西亞公主（The Princess Lucretia）」的面紗。這套靈感源自俄羅斯公主的作品，以壓倒性的規模和奢華精緻的服裝，博得熱烈的掌聲。

1994 S/S

約翰·加利亞諾的回歸，讓全球時尚界歡聲雷動。此時，又有另一位人物看出這名年輕設計師的天賦。

真令人垂涎。趁別人還沒搶走之前，我要先下手！

好久沒登場的LVMH貝爾納·阿爾諾!!

當時LVMH擁有GIVENCHY。

你要不要當GIVENCHY的首席設計師？

OK.

因此，約翰·加利亞諾就成為首位管理法國高級訂製服店的英國設計師。

GIVENCHY

1996年，約翰·加利亞諾在法國體育場舉辦個人第一場GIVENCHY發表會。這位年輕設計師的成功，出現在許多媒體的頭條。

時尚新聞

率領法國時尚界的英國設計師！約翰·加利亞諾！

但過不了多久，GIVENCHY的首席設計師就換另一位英國天才設計師亞歷山大·麥昆接手。這是因為LVMH熟知約翰·加利亞諾的能力，便指派他到比GIVENCHY更大的時尚品牌——也就是Dior——擔任首席設計師！

1997年，約翰·加利亞諾透過Dior高級訂製服發表會，向世人公開他第一套Dior作品。在巴黎洲際酒店舉辦的這場秀，擺設了791張金色椅子和4千朵玫瑰，重現1940年代的Dior時裝店樣貌。

Christian
Dior

1997年Dior高級訂製服系列

當時,《紐約時報》不遺餘力地稱讚他的Dior發表會。

約翰‧加利亞諾的Dior高級訂製服發表會

高級訂製服出道秀中加利亞諾的出道最引人注目!

接著在2000年春夏的成衣系列,約翰‧加利亞諾再度引起時尚界的騷動。他推出Dior的Denim Logo,造成一連串的後續效應。

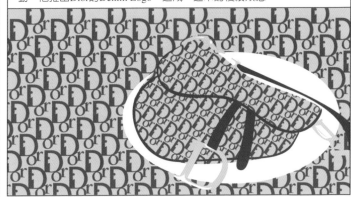

這還不是結束。他迅速創作出Dior的報紙設計,使Dior再次站上潮流的中心。

衣服的花紋全是英文報紙

他獨特的一面也能從發表會的終場窺見。秀結束以後,設計師一貫就走到舞台上,向觀眾打招呼,而約翰‧加利亞諾經常配合那天發表的主題,穿得就像模特兒一樣地出現,發揮他的表演天分,接受人們的歡呼聲。

然而,如此華麗精彩的Dior舞台,自2011年春夏系列結束後,就再也看不到了。為什麼呢?

你們猶太人的祖先活該死在毒氣室裡～～

你說什麼?!

他在英國某間酒吧侮辱猶太人的影像,上傳到YouTube後,被冠上種族歧視的惡名。

猶太裔的Dior模特兒娜塔莉‧波曼

什麼?他說他愛希特勒?

只要約翰‧加利亞諾在Dior的一天,我絕不當Dior的模特兒。

最後,Dior執行長圖勒達諾(Sidney Toledano)只好將他解僱。以鬼才設計師的名號闖蕩時尚界的約翰‧加利亞諾,日後會有什麼發展,大家也都在靜觀其變。

我都道歉了…卻還是被開除…

愛逞口舌之快…

John Galliano 2011 S/S

Christian Dior 2011 S/S

23. 約翰‧加利亞諾

文獻 Colin McDowell, *John Galliano,* Rizzoli International, 1998
Paula Reed, 'Interview with JOHN GALLIANO', <Grazia Magazine>(London), 2010. 9. 21
Ella Alexander. Vogue.com. 2008. 4. 20

網站 johngalliano.com <John Galliano Official Website>
designmuseum.org <London Design Museum Official Site>
thebiographychannel.co.uk <TV Channel "Bio" Official Website>
vogue.com UK
fashionweeknews.com <Fashion Week Information Site>
hellomagazine.com

24

Tom Ford
湯姆・福特
1961～

我的職業是創造販售給大眾的美好事物。
這兩者無法分離。

湯姆・福特具有吸引大眾消費的卓越能力，而他重振一度陷
入破產危機的GUCCI，成為時尚界的一大傳說。離開
GUCCI以後，他藉由同名品牌TOM FORD自立門戶，並推
出墨鏡和男裝，皆大受歡迎。最近他也成立女裝產品線，讓
期盼已久的女性消費者相當關注。

1970年代，新墨西哥州

啦啦啦～今天要穿什麼呢～這件性感的紅色洋裝～？

天啊，又沒有多少衣服，衣櫃怎麼就爆開了？呵呵

兒子～服裝是非常重要的東西。穿著讓人看了就討厭的衣服，是很失禮的行為。

是的，媽媽，我會銘記在心。

受到活潑又愛打扮的母親影響，這男孩從小就每天都在煩惱要穿什麼衣服。

哪件看起來比較帥？這件？還是這件？

甚至男孩的母親在他12歲時，就送了GUCCI的樂福鞋給他。

兒子～禮物～

哇！是GUCCI！

這時候小男孩還不知道，自己將來會在時尚界引起多大的旋風。

媽媽，謝謝你，我愛GUCCI。

這個男孩就是拯救曾經沒落的GUCCI，成為現代時尚傳說的湯姆·福特。

湯姆·福特出生於美國，在新墨西哥州度過童年，17歲時來到了紐約。

我現在也是紐約客了～

NEW YORKER

I ♥ NY

他在紐約大學主修美術史，並把演技課程當興趣，享受大學生活。

NYU

374

某一天，湯姆跟朋友去了當時紐約的傳奇夜店「Studio 54」。

哦，好酷！安迪‧沃荷也在這裡！

從此，湯姆就沉迷在這間夜店。

哦耶耶～

音樂超酷炫～帥哥美女多

他經常蹺課，跑到夜店鬼混。發現自己有同性戀傾向，也是在這時候。

眨眼～

那個男人偷走我的心了。

最後他無法控制這樣的情況，便退學當起了時尚模特兒。

OK～姿勢很好～

多才多藝的他一成為模特兒，就一次爭取到超過12支的電視廣告。

像我這麼有魅力的模特兒很少見，呵呵。

另一方面，他當模特兒的時候，也發現自己潛在的設計能力，便進入帕森設計學院學習。

PARSONS SCHOOL FOR DESIGN

他主修的不是時尚，而是建築。不過偶然的是，他在即將畢業那學期前往巴黎，在Chloé宣傳部門當實習生。

Chloé

湯姆負責的工作是整理Chloé的服飾照和配件照。

於是，這成為決定他未來的重要契機。

我也想在時尚界工作！我想成為像他們那樣的時尚人士！

1986年，湯姆·福特從帕森畢業後，便在紐約積極地尋找與時尚相關的工作。但他的主修不是建築嗎？他怎麼處理這個情況呢？那就是巧妙地掩飾自己的科系！

你從哪間學校出來的？

當然是以設計聞名的帕森啊～

雖然主修是建築。

而且他也沒說自己在Chloé工作時的職位。

你有在服飾公司工作的經歷啊？

對～我在國際名牌Chloé待過～

雖然是實習生……

我沒有說謊～只是沒有說出詳細的情況！剩下的就交給他們判斷！

賴皮

此外，他也是懂得討面試官喜歡的高手。

你喜歡的設計師是誰？

喔？面試官穿的衣服好像是亞曼尼的。

GIORGIO ARMANI

我最喜歡亞曼尼。喜歡亞曼尼的人都很有品味。

天啊！你怎麼跟我的喜好一樣～眞滿意～

最後，毫無時尚相關經驗的湯姆·福特，成為當時美國人氣設計師Cathy Hardwick的設計助理。

我現在也是設計師了～

兩年後，1988年他換到Perry Ellis，與馬克·雅各布斯共事兩年。

你就是那個馬克·雅各布斯？沒什麼嘛～

你就是那個湯姆·福特？

未來的GUCCI設計師

未來的LV設計師

然而，湯姆·福特漸漸對美國時尚界感到厭倦。

美國風格欠缺了什麼！粗製濫造到沒法說。時尚的大本營果然還是歐洲～我要前往高級的歐洲！

剛好有個讓湯姆·福特前往歐洲的大好機會來到！

GUCCI沒落！是否會就此倒閉呢？

岌岌可危的奢華品牌GUCCI。

當時陷入破產危機的GUCCI，為了重新改造品牌，正在尋找女性成衣的設計師。

GUCCI

沒有創意新穎的設計師嗎？

1990年，對時尚界還一知半解的湯姆·福特，已經被聘為GUCCI的女裝設計師。

我？我？我是GUCCI的設計師?!

將歷史悠久的義大利時尚品牌GUCCI，交給一個稚嫩的美國設計師，對GUCCI來說也是帶有風險的事。

12歲收到的GUCCI樂福鞋，就是在預言這個命運嗎？媽媽果然是真理～

結果這是怎麼回事？湯姆·福特的女裝產品線快速成長！

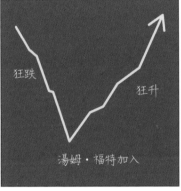

狂跌

狂升

湯姆·福特加入

才華受到肯定的湯姆·福特從此快速升遷，負責女裝產品線6個月後，還接下了男裝和鞋子產品線。

終於在1994年，攀升到設計師最高的地位。
那就是GUCCI的首席設計師！

GUCCI

♥

TOM FORD

不過，一路平步青雲的湯姆·福特也遇到了短暫的危機。那就是古馳家族唯一的後代，毛利吉歐的問題。

喂，湯姆·福特。我是要你設計線條柔和的襯衫。我對你的設計很不滿意。

我喜歡黑色加有稜有角的設計～你是設計師嗎？設計師是我～

湯姆·福特　377

所以有段時間，他差點因為毛利吉歐被解僱。

把他趕出去。我不喜歡他。

很抱歉，恕難從命。他是我們的希望。

當時GUCCI的新任CEO多明尼科·德·索爾，是湯姆·福特最可靠的夥伴。

由負責經營的多明尼科·德·索爾，和負責設計的湯姆·福特組成的夢幻組合，讓一度瀕臨破產的GUCCI在2003年創下30億美金的營收紀錄，開啟GUCCI的二度全盛期。

他成功的最大因素之一，是能準確掌握大眾喜好的天生直覺。

不懂這是什麼意思嗎？假設我喜歡這雙高跟鞋，

那就會有數千個人也喜歡它。

啊～好漂亮。

我很明白大眾想要什麼設計，不能違背他們的喜好。感謝老天爺賜給我這個天賦。

換句話說，他是以商業為導向的設計師。

我不認為自己是藝術家。因為我創作的東西是為了在市場販售，為了使用，而且總有一天會被丟棄。

他也是個工作狂，一天只睡3個小時。

ZZZZ

他此外，為了應對睡到一半突然靈光一現的情況，他的床邊總是會放著便條紙。

驚醒！嗯，靈感……靈感……

2000年，GUCCI買下YSL的股份。

湯姆為GUCCI設計的同時，也要負責設計ＹＳＬ的成衣產品線Ｒive Gauche。

快手設計

啊！好忙，好忙。

同時設計風格迥異的兩個品牌，是個極大的挑戰。但他的能力足以確實表現出品牌各自的特徵。

還記得伊夫・聖羅蘭因香水廣告引起的醜聞嗎？承接YSL的湯姆・福特也是一樣。製作香水OPIUM和M7的廣告時，也興起巨大的波瀾。

香水是穿在皮膚上的東西，所以香水本身就是衣服。那為什麼還要多加一層衣服呢？這個廣告是想展現香水的純粹。

2003年11月，湯姆・福特與PPR集團鬧翻，以2004年秋冬系列為告別作，離開了GUCCI。

GUCCI

ByeBye

這對喜歡GUCCI的人是很大的衝擊。但2005年，湯姆・福特擺脫GUCCI的陰影，重新起飛。那就是成立同名品牌「TOM FORD」。他不再為別的品牌效命，只推出專屬自己品牌的設計。被選為美國最佳設計師的湯姆・福特，往後會如何展開他的時尚人生，全世界都在關注。

TOM FORD

24. 湯姆 · 福特

文獻 Tom Ford with Graydon Carter and Anna Wintour, *Tom Ford,* Thames & Hudson, 2004
Jo Craven, 'Tom Ford', <Vogue.com>. 2008. 4. 22

網站 tomford.com <Tom Ford Official Website>
thebiographychannel.co.uk <TV Channel "Bio" Official Website>
infomat.com <Fashion Industry Search Engine "We Connect Fashion">
vogue.com UK
tomford.nl <Tom Ford Fanpage>

25

Marc Jacobs
馬克・雅各布斯
1963～

顏色比任何東西都還要龐大，
因此我們花了好幾年的時間談顏色。
然後這一季我們結合薰衣草跟草地，融合鱔魚和橘子，
創造出驚人的美麗。

從帕森設計學院一畢業，馬克・雅各布斯便震撼了時尚界。
身為LV首席設計師的他，透過創新的設計，擺脫既有的古
板形象，推出無數熱銷產品。他的個人品牌Marc Jacobs則
以鮮豔顏色的搭配和輕快的印花，擄獲女性的心。他設計的
東西總是成為流行，而他也獲得7次被譽為美國時尚界奧斯
卡獎的CFDA獎，彰顯他的天資。

撰寫21世紀現代時尚史的設計師中，男性設計師占了多數。

亞歷山大・麥昆
尚・保羅・高堤耶
約翰・加利亞諾　湯姆・福特

當中也有很多同性戀。

我？　　我？

是在說我嗎？　　我？

喔？全都是耶！

馬克・雅各布斯也是公開自己是同性戀的天才設計師之一。

1963年4月9日，在美國出生的馬克・雅各布斯，從小就喜歡跟奶奶學針織。

奶奶

我對服裝的喜愛就是從那時開始的。

15歲時，雅各布斯在紐約精品店「Charivari」的倉庫，負責管理貨物。

在那裡偶然遇到Perry Ellis，使他下定了決心。

設計師的姿勢帥氣

哇，超有型的～

我也要成為像Perry Ellis那麼帥的設計師。

時尚時尚時尚

我的夢想是時尚王

FASHION DESIGNER

1981年，馬克・雅各布斯從設計高中畢業後，立刻進入紐約帕森設計學院就讀，正式接受有關時尚的教育。

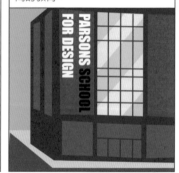

PARSONS SCHOOL FOR DESIGN

在設計鬼才雲集的帕森，他當然也是個亮眼的存在。

Perry Ellis 金頂針獎！

年度設計學生！

Chester Weinberg 金頂針獎！

1984年春天，他發表畢業作品，以童年回憶為靈感，推出手織毛衣。此時，有個人對馬克‧雅各布斯很感興趣。

他叫馬克‧雅各布斯啊～實力真好！好好栽培的話，肯定會成為時尚界的大人物。

他是Reuben Thomas公司的羅伯特‧杜菲（Robert Duffy）。

我想請你來設計我們公司的成衣品牌。

他們的緣分就此展開，後來還攜手成立「Jacobs Duffy Designs」公司，維持合作關係至今。

堅持對時尚的愛和品質是我們的基本信念！

1986年，馬克‧雅各布斯發表處女作，引起熱烈討論，一炮而紅。

如彗星般出現的新人設計師！馬克‧雅各布斯！

時尚人士們為馬克‧雅各布斯深深著迷！

品牌推出後的 1 年內，他就榮獲專門頒給時尚界新人的CFDA Perry Ellis獎，嚇到許多時尚人士。

創下最年輕得獎人的紀錄！

1989年，雅各布斯和杜菲開始為雅各布斯小時候的偶像Perry Ellis做設計。不過當時雅各布斯沉迷於Grunge搖滾樂團的音樂，也影響了他的設計。

超脫

珍珠果醬

音速青春

Perry Ellis 1992
在Perry Ellis的服裝秀上，馬克‧雅各布斯發表了『Grunge Look』，忠實呈現地下樂團特有的灰暗、有點討人厭和骯髒的一面。Grunge Look不拘泥陳規，自由混搭各種風格的衣服，顯出獨特的休閒洗練感，在年輕人之間颳起旋風，甚至被稱為「年輕世代的制服」。他以這個系列獲得兩次CFDA獎

1993年秋天，Jacobs Duffy Designs公司終於推出品牌「MARC JACOBS」，將產品擴張到男女鞋跟男裝。

MARC JACOBS

1997年某一天，Jacobs Duffy Designs公司發生了一件大事。那就是LV向他們伸出友誼之手。

要不要跟我合作？

I do

貝爾納‧阿爾諾

我是首席設計師～

我是工作室監導～

當時LV漸漸退為中年人才會使用的老氣形象。

好！

金女士，今天要不要泡麥飯石三溫暖？

但馬克・雅各布斯重新定義LV的形象，造成轟動。
他巧妙地結合普普藝術和頂級時尚，結果帶來驚人的成功，全世界的女性開始為他翻新的LV瘋狂。

他最近也跟黑人饒舌歌手肯伊・威斯特合作，推出運動鞋，為傳統、穩重的LV帶來革新。

Yo！

What's up！

馬克・雅各布斯也是出了名的愛狗。

Zzzz...

甚至在手臂紋上狗狗的刺青。

紅十字會辦慈善拍賣時，他還設計了LV的寵物箱。

創下5萬9千美金的紀錄～

人們都說馬克・雅各布斯具有點石成金之手。

我能準確地做出人們想穿的衣服～

從地下酒吧到上流階層的社交派對，他的服裝適合穿到任何場合，大眾也為他剛硬的都會風格深深著迷。

1 VH1 Music First | VOGUE fashion awards

CFDA
Council of Fashion Designers of America

1998年 VH1 時尚獎的年度女裝設計師獎

1999年 CFDA年度配件設計師獎

馬克・雅各布斯 387

2010 S/S

2009 F/W

2011 F/W

馬克‧雅各布斯設計的LV服裝

2000年，馬克‧雅各布斯推出副牌「Marc by Marc Jacobs」，擄獲年輕人的心。而他設計的包包，是現在年輕女性最想要的單品之一。

2005 F/W

2001 F/W

2011 S/S

2008 S/S

後來他陸續推出香水、居家用品、童裝「LITTLE MARC JACOBS」，拓展他的領域，變身為世界設計師。

從小就要培養穿 MARC JACOBS 的品味！

LITTLE MARC JACOBS

馬克‧雅各布斯至今已經榮獲7次CFDA獎，2010年在《時代》雜誌選定的「全球最具影響力的100人」的藝術家部分位居18名。馬克‧雅各布斯總是以挑戰精神和獨特品味創造流行，往後的發展也十分讓人期待。

湯姆‧福特

甚至在美國最具影響力的同性戀中排行11名！

我是13名……明年我要贏你！

品牌MARC JACOBS的服裝

2011 F/W

2009 F/W

2011 S/S

2011 S/S

25. 馬克・雅各布斯

文獻 Guy Trebay, 'Familiar, but Not: Marc Jacobs and the Borrower's Art', <The New York Times>, 2002. 5. 28

Jo Craven, 'Marc Jacobs', <Vogue.com>, 2008. 4. 20

Julia Neel, 'Style File: Marc Jacobs', <Vogue.com>, 2010. 10. 6

網站 infomat.com <Fashion Industry Search Engine "We Connect Fashion">
vogue.com UK

marcjacobsdesigns.com <Marc Jacobs Designs>

26

Alexander McQueen
亞歷山大・麥昆
1969～2010

我從夢境獲得靈感。那是這世間沒有的東西，
只存在我的腦中。真的很驚人吧！

秉持「服裝秀一定要好玩」的哲學，每次都讓時尚界瞠目結
舌的英國壞孩子亞歷山大・麥昆，在2010年因憂鬱症自殺身
亡前，每年都以標新立異、耀眼的美麗服飾，帶給大家感
動。以實驗性服裝受到矚目的流行歌手Lady Gaga，以及莎
拉・潔西卡・派克、凱特・摩絲，都是他的瘋狂粉絲。在他
去世後，品牌ALEXANDER MCQUEEN由長年與他共事的
英國設計師莎拉・波頓（Sarah Burton）接手。

2010年2月11日，世界各家媒體同時報導一個衝擊的消息。

天啊！

騙人！

引領現代時尚界的鬼才設計師之一，亞歷山大·麥昆自殺身亡了。

麥昆離開人世了

TODAY NEWS

鬼才設計師
亞歷山大·麥昆自殺

嗚嗚，太悲傷了。他與生俱來的創意經常感動我們。

嘉班納

多爾切

誰能填補他的空位？

麥昆的推特充滿哀悼他死亡的留言。

twitter

McQueenWorld

無數的名人也惋惜時尚界殞落了一顆星。

維多莉亞·貝克漢

嗚嗚，他是我的時尚導師。

愛穿他的服裝的流行歌手Lady Gaga，也在自己的演唱會上，為亞歷山大·麥昆獻唱了一首歌。

This is for Alexander McQueen!

亞歷山大·麥昆的驟逝在時尚界引起一場大混亂。他的人生是怎麼走過來的，為什麼會選擇自殺呢？

亞歷山大·麥昆生長在英國倫敦的一個平凡家庭。雖然家族裡沒人帶有藝術細胞，但他從小就對時尚充滿興趣。

哈哈哈

你是怎樣？像個女生，每天都在看時尚雜誌。

VOGUE

社區的孩子動不動就取笑他，叫他McQueer。

McQueer～
McQueer～

像女生的
McQueer～

VOGUE

Queer：男同性戀，古怪的。

不過他很清楚自己想要什麼，也具有逼退他們的氣魄。

你們儘管嘲笑我吧！我要把我的一切全獻給時尚，成為你們做夢都想不到的大人物！

16歲那年，他離開普通學校，到西安普敦大學的藝術科夜間部進修。

當時，倫敦的薩維爾巷有許多高級服裝店。

畢業後，麥昆就到那裡的Anderson & Sheppard、Gieves & Hawkes等服裝店當學徒，累積裁縫的實力。

尤其他在專門製作劇場服裝的Angels & Bermans，縫製許多16世紀的誇張服飾，短短6個月就精通打版和裁剪。

此外，他也當過山本耀司、羅密歐·紀禮（Romeo Gigli）等名設計師的助理，在倫敦和米蘭學到了各式各樣的技術。

山本耀司

What?

斯溝伊（すごい）！

經過幾年的經歷累積，精通各種高級技術的麥昆，決定去藝術學校當講師，教導打版和裁剪。

〈英國中央聖馬丁藝術學院〉

但不管再怎麼精通實際的技術，他想更加了解時尚的欲望卻沒得到滿足。

MA Design Course

喔？有設計碩士課程耶！

麥昆原本要去應徵講師職位，結果卻……

我也想接受正式的時尚設計教育。

要去申請工作的他，反而重返學生身分。

賺到錢以後，又花掉了。

這是註冊費。

1992年，他順利獲得碩士學位，發表了畢業作品。

此時，發生了一件讓亞歷山大·麥昆首度受到時尚界矚目的大事。

伊莎貝拉，你怎麼這麼慢？椅子都坐滿人，沒位置了……

沒關係～坐在階梯上看就好了。

英國知名的時尚編輯及風格指標伊莎貝拉·布洛（Isabella Blow），當時來看畢業作品展。

當她看到亞歷山大·麥昆的作品，就一眼愛上！

太驚人了！太夢幻了！

嚇到！

伊莎貝拉決定買下麥昆全部的畢業作品。

喂？麥昆先生嗎？

麥昆現在不在家，他去休假了。

她為了聯絡上麥昆，每天打電話過去。

喂？麥昆先生回來了嗎？

他還沒有回來。請別再打了！

她絲毫不放棄，堅持不懈地打電話。

喂？回來了嗎？

他還沒回來，幹嘛一直打？

麥昆，有個瘋婆子一直找你，好像變態。

悄悄地說

誰啊？好煩。說我不在。

哦?!麥昆先生在家啊!我都聽到了!

呃啊!!

驚!

伊莎貝拉終於能和期盼已久的亞歷山大‧麥昆通話。

我想要買下你在畢展發表的所有衣服~

啊?多少錢?

5千英鎊如何?我每周會付100英鎊,你每個月寄一次衣服給我。

OK,成交!

個性古怪的麥昆把衣服寄給伊莎貝拉時,都是用大型垃圾袋裝著。

哎喲,個性真酷。

to 伊莎貝拉

時尚大師伊莎貝拉買下麥昆所有衣服的消息傳開後,媒體開始對亞歷山大‧麥昆這個新人設計師感到興趣。

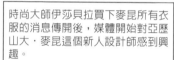

英國時尚指標伊莎貝拉‧布洛,買下中央聖馬丁畢業生的作品!!

那位主角就叫亞歷山大‧麥昆

在萬眾矚目中,他成立了同名品牌「ALEXANDER McQUEEN」。

ALEXANDER McQUEEN

他推出超低腰的褲子,引起時尚界一陣批評聲浪。

我的天啊!真是丟人現眼!屁股全露出來了!

這種風格後來被稱為「Low─rise Jeans」,非常流行,因而成為ALEXANDER MCQUEEN的象徵。

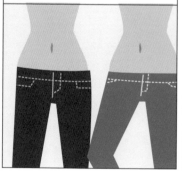

此外,使用骷髏設計也是他的特徵。

亞歷山大‧麥昆喜歡製作打破陳規、與眾不同的服裝,想找到第二個像他這樣的設計師應該很難。
在一般人眼中,他的作品太過激烈、太過極端,甚至會讓人想要離開秀場。

1996 F/W

1997 F/W

2001 F/W

他的服裝秀喜歡採用抵抗
常規的誇張主題,經常惹
出風波,但裡面卻隱含著
社會訊息。

1994年秋冬發表會,亞歷山大‧
麥昆以18世紀英國占領蘇格蘭高
原地區後,發生英國士兵強姦蘇
格蘭女性的事件為主題,推出
「高原強暴(Highland Rape)」
系列。當扮演懷孕婦女的模特兒
出場時,帶給觀眾很大的衝擊。

2005年春夏發表會,他將模特兒打造成西洋
棋盤上的棋子,令觀眾讚嘆不已。

398

1999年春夏發表會的結尾，至今仍是最經典的畫面。穿著白色洋裝的模特兒夏儂・哈洛（Shalom Harlow）站在舞台中央，由立在兩旁的機器人將油墨噴在洋裝上，這個場景造成極大的轟動。利用來自於汽車工廠的機器人，表達人類和機械的關係，以及大量生產導致的無個性時尚。

他也曾請雙腳遭切除、使用義肢的田徑選手兼演員——艾美・慕琳斯（Aimee Mullins）當模特兒，引發熱烈討論。

他的個性跟大膽風格一樣出名。他非常刁鑽又驕傲，而且經常動怒。

生氣　　生氣

呃啊啊啊～不滿意！全都給我滾！

因為這種壞孩子的形象，時尚界便稱他為「L'Enfant Terrible（壞孩子）」。

呿，個性真是乖戾。

這是我的事，與你何關？

但是完美的技術和天才般的創意，使人們無法討厭他。這種古怪性格反而成為麥昆的標誌。

哦，壞男人！

麥昆～

少女們，抱歉。我是同性戀。

1996年，擁有GIVENCHY的LVMH將原本負責GIVENCHY設計的約翰・加利亞諾派去Dior，所以需要新的設計師。

讓亞歷山大・麥昆來做GIVENCHY應該會很有趣。

麥昆經營自有品牌的同時，也成為代表GIVENCHY設計的新面孔。

GIVENCHY

然而，他到GIVENCHY工作後，就開始發生問題。首先是大眾無法接受GIVENCHY跟麥昆的組合。

讓人聯想到奧黛麗・赫本的GIVENCHY，跟愛用骷髏的麥昆根本不搭！

麥昆有辦法滿足GIVENCHY的顧客嗎？

不出所料，1997年他的第一場GIVENCHY高級訂製服發表會以大失敗結尾。

他應該要柔軟一點，脫離自己的風格。

法國輿論

在追求高尚的GIVENCHY框架中，麥昆只好不斷壓抑自己大膽的創意。

這個要修改。

這個不好。

這個太誇張了。

因此，為GIVENCHY工作的亞歷山大・麥昆一點都不快樂。

我討厭這裡。既然討厭我的風格，就把我開除吧！這也是我希望的！

某天，讓亞歷山大・麥昆獲得自由的絕佳機會來了。LVMH的競爭對手PPR的GUCCI買下麥昆品牌51%的股份，成為麥昆新的夥伴。

剛好和GIVENCHY的合約也到期了。

自由，自由！我自由了！

由於他仍持有同名品牌的其餘股份，所以GUCCI無法侵犯麥昆的設計領域。

照你喜歡的去設計吧。

噢耶耶耶～我的世界～

從這時候開始，麥昆在無人干涉的情況下，全心投入「ALEXANDER McQUEEN」，盡情揮灑他湧自內心的創意。並且成為領導時尚界的頂尖設計師之一，來到他的全盛時期。

2004年 男裝系列亮相

2006年 副牌McQ上市

ALEXANDER McQUEEN

2005年 與PUMA合作，推出 ALEXANDER McQUEEN PUMA

他獲頒4次年度英國設計師獎，且不斷在全球主要都市擴張店面，名聲達到了巔峰。

拉斯維加斯

LA

紐約

米蘭

倫敦

然而，2007年5月，一個震撼消息讓充滿幸福與希望的麥昆，瞬間陷入絕望。

自從在麥昆的畢展買下他所有的衣服後，與他累積15年友情的伊莎貝拉喝下除草劑，結束了自己的生命。

偏偏這時候伊莎貝拉和麥昆關係不睦，因此不斷地傳出她的死亡和麥昆有關。

這給了麥昆難以忍受的壓力。

幹嘛這樣對我？我也難過得要命。明明什麼都不知道，為什麼要這樣欺負我？

悲劇還沒結束。伊莎貝拉自殺的3年後，2010年2月2日麥昆的母親喬依絲因癌症辭世。

對和母親很親近的麥昆而言，這是個巨大的衝擊。朋友的死亡加上母親的逝去，使他陷入深深的悲傷與不可抑制的混亂。

即使麥昆被失眠和憂鬱症纏身，仍透過私人推特展現不放棄生活希望的意志。

McQueenWorld

But life must go on!!!!!

遺憾的是，個性強悍的麥昆依舊敵不過巨大的孤單和寂寞，2010年2月11日，在母親葬禮舉辦的前一天，他親手了結生命。

體驗過華麗的文藝復興風格和極度的悲傷，就此離開人間的不朽設計師亞歷山大‧麥昆。他具有與眾不同的眼光，是個看得到美的天才。他對現代服裝史造成很大的影響，而他的名字也會永遠留在時尚史的一頁。

ALEXANDER
McQUEEN

2002 S/S

2010 S/S

2009 F/W

26. 亞歷山大・麥昆

文獻 Colin McDowell, 'Shock Treatment', <The Sunday Times Style Magazine>, 1996. 3. 13

Lauren Milligan, 'Alexander McQueen', <Vogue.com>, 2010. 4. 12

Rebecca Camber, Sara Nathan, 'British fashion icon Alexander McQueen commits suicide days after death of his beloved mother', <Daily Mail Online>, 2010. 2. 12

Sarah Morris, 'RIP Lee McQueen?one of the greatest designers on our planet', <Sunday Mercury>, 2010. 2. 12

Bridget Foley, 'Alexander McQueen: A Fashion Rememberance', <WWD FASHION>, 2010. 2. 12

James Fallon, 'Alexander McQueen: A London Man', <WWE FASHION>. 2010. 2. 12

'Alexander McQueen, UK fashion designer, found dead', <BBC NEWS>, 2010. 2. 11

Alexander McQueen Obituary. <The Times>(London), 2010. 2. 12

網站 thebiographychannel.co.uk <A&E Television Networks. TV Channel "Bio" Official Website>

infomat.com <Fashion Industry Search Engine "We Connect Fashion">

huffingtonpost.com <The Internet Newspaper "The Huffington Post" Official Website>

vogue.com UK

designmuseum.org <London Design Museum Official Site

wwd.com <Women's Wear Daily Newspaper Official Website>

biography.com

附錄
其他知名設計師

珍・浪凡 Jeanne Lanvin

皮爾・帕門 Pierre Balmain

安德烈・庫雷熱 André Courrèges

桑麗卡 Sonia Rykiel

范倫鐵諾 Valentino Garavani

奧斯卡・德拉倫塔 Oscar de la Renta

三宅一生 Issey Miyake

羅伯特・卡沃利 Roberto Cavalli

山本耀司 Yoji Yamamoto

唐娜・凱倫 Donna Karan

王薇薇 Vera Wang

邁可・寇斯 Michael Kors

D二次方 DSquared2

斯特凡諾・皮拉蒂 Stefano Pilati

拉夫・西蒙 Raf Simons

維克多與羅夫 Viktor & Rolf

史黛拉・麥卡尼 Stella McCartney

里卡勒度・堤西 Ricardo Tisci

珍・浪凡 Jeanne Lanvin
1867〜1946 法國

皮爾・帕門 Pierre Balmain
1914〜1982 法國

安德烈・庫雷熱 André Courrèges
1923〜 法國

她是1920〜1930年代在法國最具影響力的女性時尚設計師，也是品牌「LANVIN」的創始人。善用刺繡和串珠，打造精緻典雅的禮服是她的特色。1926年，榮獲法國政府頒發的法國榮譽軍團勳章。

他是引導法國時尚的設計師之一，原本擔任建築學徒，後來走上時尚設計之路。曾在Dior等時裝店工作，以品質優秀的優雅洋裝獲得人氣。凱瑟琳・赫本、碧姬・芭杜、蘇菲亞・羅蘭是他的顧客。

他是1960年代的法國摩登設計師。原本是工程師的他到BALENCIAGA當設計助理，迅速成長為一名設計師。帶有未來感的簡潔設計是他的特徵，並引發梯形短裙和中筒靴的流行。與瑪莉官並稱為迷你裙的創始人。

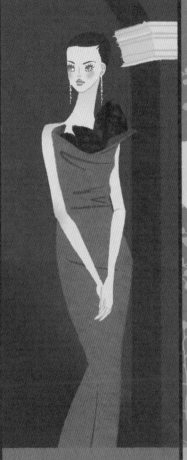

桑麗卡 Sonia Rykiel
1930～　法國

范倫鐵諾 Valentino Garavani
1932～　義大利

奧斯卡・德拉倫塔 Oscar de la Renta
1932～　多明尼加共和國

1960年代初，她在自己懷孕的時候設計了柔軟的毛衣，從此造就了今日的針織女王。她以條紋毛衣大受歡迎，率先推出縫線在外的服飾等，證明針織服裝也能成為潮流。

他是以精緻細節和優雅剪裁的洋裝為代表的義大利品牌——范倫鐵諾的創始人。由於他在每場服裝秀總會推出紅色禮服，該顏色就被稱為「范倫鐵諾紅」。賈桂琳・甘迺迪和珍妮佛・羅培茲結婚時，都是穿他設計的婚紗。

他是今日備受尊崇的設計師之一，在美國時尚界占有重要的地位。他曾在LANVIN和BALENCIAGA工作，1965年在美國推出個人品牌。以不浮誇、有品味的禮服和配件聞名。

被譽為褶襉天才的他，是日本
出身的設計師。他不採用既有
的方式，開發能在衣服成品製
造褶襉的新技術，推出品牌
「Pleats Please」。設計可變形
的衣服也是他的特徵。

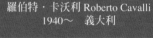

他的設計風格迷人、性感且華
麗。自1970年發表處女作以
後，即使是高齡70幾歲的現
在，他仍親自為個人品牌做設
計，奢華的動物紋樣和優美的
絲綢褶皺是他的註冊商標。Just
Cavalli是他的副牌。

他是以前衛設計著稱的日本設
計師。從法學界跳到時尚界以
後，在東京和巴黎取得成功。
永不退流行的黑色服裝和
oversize剪裁是他的特徵。2002
年與Adidas聯手推出運動系列
Y-3。

唐娜·凱倫 Donna Karan
1948～ 美國

從紐約帕森設計學院畢業後，於1985年成立同名品牌DONNA KARAN，展現柔美女性的都會風格。同時也是leggings潮流的先驅。她擁有副牌DKNY，目前隸屬於LVMH集團。

王薇薇 Vera Wang
1949～ 美國

她是華裔美國設計師，以設計婚紗聞名。她曾替RALPH LAUREN設計女性配件，為自己製作結婚禮服以後，便逐步打造出今日龐大的婚紗王國。

邁可·寇斯 Michael Kors
1959～ 美國

從美國FIT畢業後，於1981年成立個人品牌，並在1997年負責法國名牌CÉLINE的設計。他專為美國中產階層塑造風格，備受歡迎。他也是電視節目「Project Runway」的評審。

D二次方 DSquared2
1964～ 加拿大

斯特凡諾·皮拉蒂 Stefano Pilati
1965～ 義大利

拉夫·西蒙 Raf Simons
1968～ 比利時

這是由異卵雙胞胎Dean和Dan Caten（1964，加拿大）成立的義大利品牌。從1994年推出男裝開始，不斷發表時髦又挑逗的設計，深受克莉絲汀、小甜甜布蘭妮、賈斯汀等流行歌手的喜愛。

在ARMANI、PRADA、miu miu累積豐富的經歷後，於2000年進入YSL，2004年承接湯姆·福特的首席設計師職務。她延續YSL既有的傳統，並在設計中添加自己特有的現代感。

1995年推出男裝系列，博得熱烈迴響後，2005年成為JIL SANDER的首席設計師。他堅守JIL SANDER特有的乾淨線條，獲得「比JIL SANDER更JIL SANDER」的評價，同時也為個人品牌「RAF SIMONS」設計。

這是由Viktor Horsting（1969）和Rolf Snoeren（1969）於1993年創立的荷蘭品牌。他們推出上下顛倒的服飾等作品，模糊藝術和時尚的界線，為大眾帶來驚喜和快樂。曾和Samsonite（行李箱品牌）、H&M合作。

她是前披頭四成員保羅·麥卡尼的女兒。自中央聖馬丁畢業後，便負責Chloé的設計，目前以經營個人品牌為主。身為素食主義者的她，從不使用皮革和皮草。曾和Adidas、H&M合作。

他畢業於中央聖馬丁，2005年成為GIVENCHY的設計師，讓失去光芒的GIVENCHY重新復活。以GIVENCHY簡單優雅的特徵為基礎，結合黑色浪漫的哥德式風格和幾何花紋，贏得時尚界一致好評。

【同時推薦】

時尚經典的誕生

18位名人，18則傳奇，18個影響全球的時尚指標

三種繪圖風格・三種詮釋力量
美麗的人生。美好的視覺撼動。

在一格格漫畫中想像不為人知的生命故事

黛安娜王妃如何擺脫俗氣村姑的稱號，轉變為人人愛戴的英國貴族？
瑪丹娜遭受侵犯的悲慘經驗，使她勇於挑戰自我極限，成為流行音樂女皇；
碧姬·芭杜在息影後，致力於動物保育，無疑是「人美心更美」的最佳代表；
瑪麗蓮·夢露將差點成為汙點的裸照事件，變成了翻身走紅的機會；
奧黛麗·赫本懂得正視自己的不完美，以毫不做作的真誠受到人們的喜愛！

一窺穿越百年的時尚演進史

誰是首位受到媒體關注，散布美國時尚到全世界的第一夫人？
纖細四肢、中性男孩風，17歲的少女以激瘦身材改變時尚界的標準。
隨興又時髦的法式風尚與直髮妹妹頭，其實從六〇年代就開始流行了……
突破以男性為主的搖滾音樂界，鉚釘皮帶、破褲，誰說女性不能引領龐克時尚？
顛覆高檔形象的雜誌規格，看《VOGUE》如何變成全球最強的時尚聖經？

她們都是勇敢女人，也是了解自己特色的經典美女，
我們閱讀她們的傳記故事與時尚精神，
也可以讓自己活得更有風采！

討論區 046

時尚的誕生（暢銷閃亮版）
透過26篇傳記漫畫閱讀，進入傳世經典與偉大設計師的一切！

作　　者｜姜旻枝
翻　　譯｜李佩諭

出　版　者｜大田出版有限公司
台北市一〇四四五中山北路二段二十六巷二號二樓
E - m a i l｜titan@morningstar.com.tw　http：//www.titan3.com.tw
編輯部專線｜(02) 2562-1383　傳真：(02) 2581-8761

總　　編　輯｜莊培園
副　總　編　輯｜蔡鳳儀
行　政　編　輯｜鄭鈺澐
校　　　　對｜謝惠鈴／陳佩伶／蘇淑惠

初版｜二〇二一年九月十二日　定價：五二〇元
二版初刷｜二〇二一年九月十二日
二版二刷｜二〇二三年八月二日

購書 E-mail｜service@morningstar.com.tw
網　路　書　店｜http://www.morningstar.com.tw（晨星網路書店）
讀　者　專　線｜TEL：04-23595819 FAX：04-23595493
郵　政　劃　撥｜15060393（知己圖書股份有限公司）
印　　　　刷｜上好印刷股份有限公司
國　際　書　碼｜ISBN 978-986-179-678-9／CIP：488.9099／110011181

填回函雙重禮
① 立即送購書優惠券
② 抽獎小禮物

國家圖書館出版品預行編目資料

時尚的誕生／姜旻枝著；李佩諭譯．——二
版——臺北市：大田，民 110.09
面；公分．——（討論區；046）

ISBN 978-986-179-678-9（平裝）

1. 服裝設計師 2. 品牌 3. 歷史 4. 漫畫

488.9099　　　　　　110011181